网页设计

Web Design

NEW –
POWER

设计新动力丛书

张 毅

编著

U0391104

西南师范大学
出版社
国家一级出版社 全国百佳图书出版单位

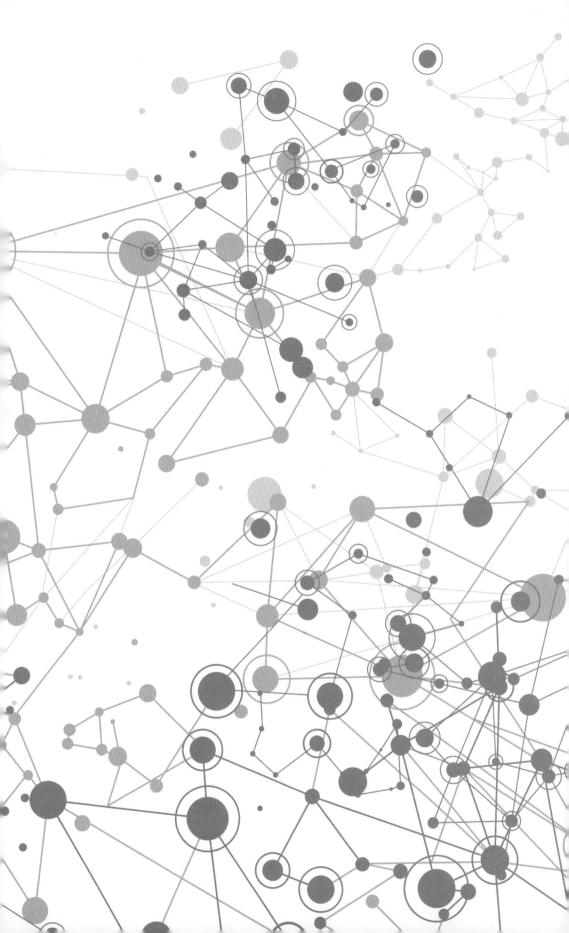

20 年前，一套"21 世纪设计家丛书"曾经让设计师和未来的设计师对即将到来的新世纪充满期望。

岁月流转，当新世纪的曙光渐渐远去的时候，国内的设计师们高兴地感受到了时代的恩赐：20 年来，市场经济已经基本完成了对设计的确认，日常生活表现出对设计的强旺需求，文化建设正在对设计注入新的活力，频繁的国际交流增强了中国设计的自信……随着各行各业对设计的投入越来越大，人们对设计和设计师的期望也越来越高。这一切，或许也是设计教育长存不衰的缘由。

确实，进入 21 世纪，中国的设计教育迎来自己前所未有的好时光。设计和设计教育的勃兴无疑对高速发展的中国社会提供了些许前所未有的新动力。这一点，随着时间的推移，还会进一步获得印证。随着设计概念的普及，越来越多的人懂得了设计在经济发展、社会进步、文化建设中的关键性作用；懂得了在现今这一历史阶段，离开了设计，几乎一切社会活动都将难以进行。无论是理性的、商业的，还是激情的、文化的，无论是学习西方的、先进的，还是弘扬民族的、传统的，无论是大型的、宏观的，还是小型的、私密的；无论是 2008 北京奥运会，还是 2010 上海世博会，只要是公开的、需要展现的，就不能缺少设计的参与。随着设计理念的深入人心，设计师们的艺术智慧和设计创意源源不断地流向社会，越来越多的人懂得了包装设计不只是梳妆打扮，装饰设计不等于涂脂抹粉，产品设计不仅仅变换样式，时尚设计不在于跟风卖萌，视觉设计已经不再满足于抢眼球，环境设计也开始反思一味地讲排场、求奢华……设计内涵的表达、功能的革新、样式的突破、情感的满足、文化的探索等一系列原本属于设计圈内的热门话题，现在都走出了象牙塔，渐为普通大众所关心、所熟知。

当然，在设计事业风光无限的同时，设计遭遇的尴尬也频频出现。一方面，设计在帮助人们获得商业成功的同时，也常常一不小心，成为狭隘的商业利益的推手。另一方面，设计教育在持续了十多个年头的超常规发展之后也疲态毕露，尤其表现在模式陈旧、课程老化、教材雷同、方法落伍、思维凝结……甚至，一定程度的游离于社会实践。

不仅如此，设计和设计教育的社会担当和角色定位还仍然处于矛盾和纠结之中。在国内，设计的社会作用和社会对设计的认可还远没有达到和谐一致，这使得我们的设计师往往需要付出比发达国家设计师多得多的代价，而他们的智慧和创意还常常难以获得应有的尊重。设计教育在为社会培养了大批优秀设计师的同时，还承担着引领社会大众的历史职责。诸如设计和生态环境、设计和能源消耗、设计和材质亲和，以及设计如何面对传统和时尚、面对历史和未来、面对发展和可持续，所有这些意想不到的种种纠葛、矛盾，都会在第一时间遭遇设计思维，也都会在整个过程中时时叩问着设计和设计教育的良心。

设计教育的先驱，包豪斯的创始人格鲁比斯认为，"设计师的职责是把生命注入标准化批量生产出来的产品中去。"设计师的职责是伟大的，设计教育的使命是崇高的，可面临的挑战也不言而喻。

工业革命以来，设计一直站在社会变革的最前沿，如果说，第一次工业革命给人类带来效率和质量的同时把人们束缚在机器上，第二次工业革命给人类带来财富和质量的同时把人们定格在工作上，第三次工业革命，以信息为主导的交互平台成功地将人类"绑架"在手机上，那么，设计在这三次工业革命中所起的作用是否值得我们反复思考呢？

对于初期的大机器生产来说，设计似乎无关紧要；对于自动化和高效率来说，设计的角色仅限于服务；而随着信息社会的临近，设计也逐渐登上产业进程的顶端。我们曾经很难认定设计是一种物质价值，可设计缔造的物质价值无与伦比。我们试图把设计纳入下里巴人的实用美术以便与阳春白雪的纯艺术保持距离，可设计却以自身的艺术思维和创意实践不断缩短着两者的间距并且使两者都从中获益。

如果说，在过去的20年中，设计的主要功能是帮助人们获得了商业成功。那么现在，毫无疑问，时代对设计提出了新的挑战。这就是，在商品大潮、市场法则、生活品质、物质享受、权力支配等各种利益冲突的纠葛中，如何通过设计来重新定位人的尊严和价值，如何思考灵魂的净化和道德的升华，如何重建人际间的健康交往，如何展现历史和地域的文化活力，如何拓展公众的视野，如何让社会变得更加多元和包容，如何感应人与自然的利益共享及可持续发展。这也是人们在今后相当一段时间内对设计和设计教育的期望。

新的挑战也是我们的新动力。

本套丛书就是在基于上述的思考过程中缓缓起步的。我们期望，丛书多多少少能够回应一些时代的质询，反思一些设计教育中的问题，促进一下学习方式的转变，确认一下设计带给社会的审美标高和价值取向，最重要的，是希望激发出人们的设计想象力和造物才华。

我们相信，在新一轮的社会发展过程中，设计的作用将越来越重要，设计教育的发展应该越来越健康。

一个政治昌明、经济发达、文化多元、社会公正的中国梦也必将对设计发出新的召唤——期待设计和设计教育作为社会进步的新动力尽快进入角色。

杨 仁敏 四川美术学院 教授

Forword

传播领域的每一项创举都深刻地影响着人类文明的进程，就如同电视的诞生一样，当人们为电视给传播领域所带来的巨大变革而喜悦了近半个世纪的时候，互联网开始悄悄地走进我们的世界。虽然我们已经意识到新兴的互联网一定会给人类世界带来巨大的影响，但却像很多惊世发明未曾面世前一样，谁也无法预料到它将会怎样影响我们、影响世界。很快，互联网就用它饱含人类智慧的功能体系与超越时代的前进步伐向我们证明了，互联网——人类历史上一项伟大的科技成果，它创造了一个史无前例的信息时代，正以前所未有的速度改变着整个人类社会。

互联网改变了我们固有的生活方式，改变了我们曾沿用已久的学习和工作方式，颠覆了我们曾以为最便捷的交流方式……互联网影响着人类生存与文明进步的每一个方面。显而易见，互联网早已不仅仅停留在信息技术的范畴，人类将告别旧时代，进入以计算机技术为核心的网络信息时代。

在网络信息技术发展的初期，互联网上只有一些主页，这些主页可能只是提供一些毫无美感的文本信息、少量的链接与 E-mail 的发送与接收，我们称其为"只读式网页"。时光飞逝，这些"只读式网页"如明日黄花，被功能更强大、更以人为本的"可读可写式网页"所取代，互联网因为"可读可写式网页"的出现而变得更加多元化、人性化；我们每一个人都可以在互联网上学习、工作、浏览信息、结交朋友，做自己想做的事，找到自己想要的东西……我们正在享受一个前所未有的网络共享时空。如今，信息技术的发展、艺术思潮的涌动与人们审美需求的提高，使网页不仅仅要满足多功能、全方位的需求，更需要追求网页界面视觉与艺术的审美享受，网页设计因此而走上了设计艺术的道路，成为视觉传达设计家族的新成员。有鉴于此，本书立足视觉传达设计艺术的特点，从新时代、新形势下的互联网的作用与网页的特点出发，以网页的发展脉络为依据，详细阐述了网页设计的理论与技术原理，并结合网页设计与时代变化的紧密性、技术发展的同步性、艺术变革的共存性，对网页设计的设计标准和技术发展做了深入地探索分析与趋势展望，希望为今天的网页设计教学注入前进的新动力。

网页设计没有所谓的最佳方法，也没有一个绝对准确的评价标准。互联网与信息技术塑造了网页与时俱进的技术核心，视觉传达设计理论与审美思潮则赋予了网页个性鲜明的表现形式。因此，围绕网页设计与视觉传达设计艺术之间的共通性和差异性，强调理论与实践、思考与创新的结合，是本书始终不变的宗旨，也正如一个优秀的网页设计师所坚持的一样，艺术与技术、激情与理性……

Catalogue　目录　Web Design

第一章　网络话起、印象初立
　　第一节　虚拟世界的现实体验 / 010
　　第二节　网络的门户——网页 / 011

第二章　技术探究、媒体鉴识
　　第一节　技术识别——网页设计的基础 / 054
　　第二节　媒体交融——网页设计的灵魂 / 057
　　第三节　前沿聚焦——网页设计的技术变迁 / 072

第三章　元素碰撞、设计创新
　　第一节　视角转换——网页设计再定义 / 076
　　第二节　形式塑造——网页设计的组成 / 078
　　第三节　规划整编——网页设计的流程 / 120

第四章　潮流玩转、经典涅槃
　　第一节　新时代、新需求与新网页 / 128
　　第二节　触摸网页新境界 / 134

后记 / 175
参考文献 / 175

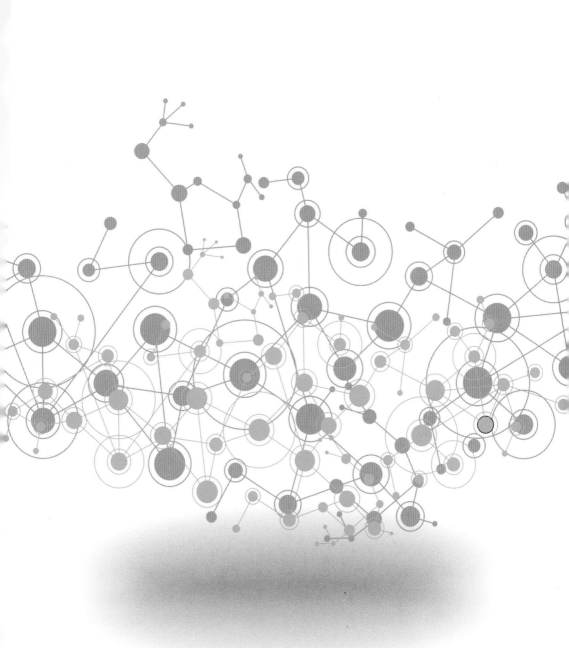

21世纪究竟是一个怎样的时代？有人说："这是一个网络经济时代"；也有人说："这是一个信息技术时代"；还有人说："这是一个虚拟与现实共存的时代"……显而易见，21世纪是一个与互联网息息相关、休戚与共的时代，因为互联网的出现改变了信息的传输方式，丰富了人类的生存与竞争方式，变革了社会的存在与布局方式，互联网已成为这个时代进步与发展的原动力。

"互联网"一词乃英文"internet"的中文译名，"internet"是"inter"（互相，在……之间）和"net"（网络）两词的结合。首先，从功能和作用来讲，互联网是一个包含了庞大信息资源的全球性计算机网络，它联结了全球几乎所有的计算机网络并向全世界提供各种关于人类生存和生活方方面面的信息服务。其次，从存在形式来说，互联网虽拥有庞大的覆盖面，却仍然是"大隐隐于市"的虚拟平台。最后，从宏观现实的角度来看，互联网是信息社会存在和发展的一个总的基础结构，是网络信息时代的标志，这个时代的政治、经济、军事与文化的发展都离不开互联网。

网页设计，因互联网的发展而诞生，是应用于信息时代网络门户的新设计形式。所以，学习网页设计，要从了解互联网开始。

第一节　虚拟世界的现实体验

一、互联网与时代进步

时移世易、沧海桑田，时代总是无法停下那匆忙的脚步。从欧洲的时代历史进程来看，经历了远古时期的石器时代、铁器时代，中世纪时期的黑暗时代、封建时代，启蒙时期的文艺复兴与地理大发现时代，殖民时期的蒸汽时代与帝国时代，到近现代的电气时代与原子时代等，以及今天正在经历的我们称之为信息时代或网络时代的当代，由此，社会进入了高速发展的新时代。时代的进步与生产力的发展是一脉相连、休戚相关的，从简陋石器的出现、朴拙铁器的使用，到蒸汽机引发的工业革命，再到今天颠覆时代的饱含智慧与科技力量的网络信息技术，生产力总是化身为不同的载体引领时代的前进，推动时代的发展。因此，推动网络信息技术的发展，推动生产力的发展，成为当今时代前进的重中之重。

二、互联网与经济发展

经济发展，总的来说是指一个国家摆脱贫困落后状态，走向经济形势现代化与社会生活现代化的过程。在当代，经济发展主要有四层标准：第一是经济数量的增长，第二是经济质量的提高，第三是经济形式的转变，第四是经济结构的优化。毋庸置疑，在网络信息时代，互联网与信息技术是推动经济发展的决定性力量之一。众所周知，当代经济形势发展的一个重要特征是网络商务（Web Commerce）的规模化、成熟化与专业化。这是因为网络商务不仅广泛涉及现阶段经济发展的方方面面，其最终目标更是实现全球范围内的整个经济交流与商务过程的网络化、电子化和数字化，这将是未来经济发展的基础。亚马逊（Amazon）、雅虎（Yahoo）、易贝（Ebay）、阿里巴巴、百度、腾讯、新浪等多家网络商务公司与商务网站的规模化和专业化发展，支付宝、财付通、银联在线等第三方支付平台服务的完善都无不体现着互联网与信息技术对经济发展所产生的强大推动力。

三、互联网与社会生活

当今时代，在电视、书籍、报刊、广播等传统媒体仍然扮演着社会生活中不可或缺的重要角色的同时，我们却无法抗拒地感受到来自互联网的强大力量。互联网这个无形的超级媒介以最广阔的覆盖面、最超强的控制力支配着社会生活的方方面面。首先，互联网海量多样的资源信息、快速便捷的信息服务都决定了互联网以全方位的优势超越了各类传播媒体成为当今时代信息获取与传播的最大媒介与极速枢纽。所以不管你身处何处、从事何种职业，都可以在互联网上寻找到所需要的信息，实现多元互动与极速交流。其次，随着时代的进步与信息技术的发展，移动互联网的出现拓宽了信息服务的渠道，提升了信息服务的效率，小到个人生活、交流工作，大至教育进步、国家发展，都离不开互联网的强大力量。所以，我们无法只是用“社会生活的助手”这样的词语来形容互联网，因为互联网根本就是这个时代社会生活发展的动力。

第二节 网络的门户——网页

当我们畅游网络时空，享受多元网络服务的时候，有没有想过究竟是谁，给了我们如此精彩的完美体验？当然，这一切离不开互联网和信息技术，但是，我们更加无法忽略的，越来越受到我们重视的，功能更加多元、服务更加人性、审美更加愉悦的，是我们进入和体验网络的门户——网页！网页就如同一扇扇不同的门，为我们开启了互联网这个精彩纷呈的世界，让我们领略网络的无限魅力。这是因为，网页是构成网站的基本元素，是承载各种网络应用的平台。网页以互联网和信息技术为支撑，以视觉艺术和审美思潮为依托，以多元化、新形式、广渠道、无障碍、人性化的方式向全人类提供更优质的用户体验与更高效的信息服务。可以说，互联网和信息技术推动着网页的发展，网页的发展反过来则规范和完善着互联网的信息传播和服务模式，让互联网的服务变得更加周全妥帖。现在，就让我们一起打开网页发展的历史长卷，在触摸历史的脉络中细细感受网页发展给互联网、给人类社会带来的巨大改变。

一、网页的发展

（一）没有设计的文本网页

从20世纪90年代初期，世界上第一个网站诞生，直至1994年的网站都延续了同样的标准和形式，即都是由纯文本的网页组成，有部分文字链接，偶尔也会有极少量的图片出现；网页界面由简单的文字组成，编排方式仅有标题和正文之分，几乎没有任何设计与布局可言；在功能方面也仅提供简单的信息浏览与E-mail的发送接收等简单项目。这些最早期的网页似乎只是想要告诉我们，什么是互联网，互联网可以干什么。（图1-1）

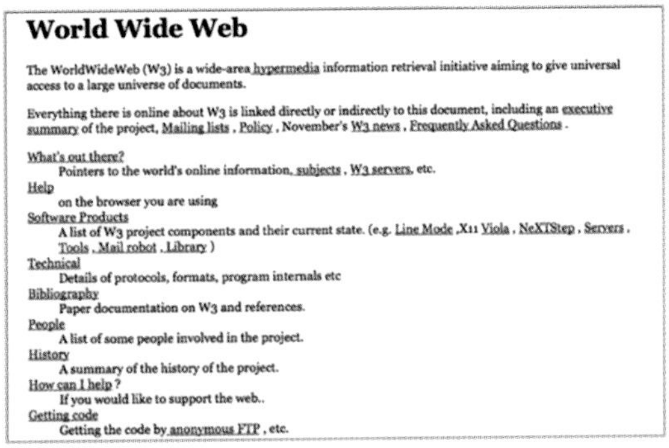

World Wide Web

The WorldWideWeb (W3) is a wide-area hypermedia information retrieval initiative aiming to give universal access to a large universe of documents.

Everything there is online about W3 is linked directly or indirectly to this document, including an executive summary of the project, Mailing lists , Policy , November's W3 news , Frequently Asked Questions .

What's out there?
Pointers to the world's online information, subjects , W3 servers, etc.
Help
on the browser you are using
Software Products
A list of W3 project components and their current state. (e.g. Line Mode ,X11 Viola , NeXTStep , Servers , Tools , Mail robot , Library)
Technical
Details of protocols, formats, program internals etc
Bibliography
Paper documentation on W3 and references.
People
A list of some people involved in the project.
History
A summary of the history of the project.
How can I help ?
If you would like to support the web..
Getting code
Getting the code by anonymous FTP , etc.

图1-1 1992年的文本网页

（二）W3C与网页标准的确立

1994年，W3C（万维网联盟）成立。为了维护网络的完整性，他们将HTML确立为网页的标准标记语言。与此同时，他们开始并一直致力于确立和维护网页程序语言的标准，迄今为止，W3C已经设定并发布了200多项影响深远的网页技术标准及应用指南，有效地促进了网页技术之间的相互兼容，对互联网技术的进步与网页的标准化发展起到了关键性的作用。其中需要明确的是，W3C建立的网页标准绝不仅仅指具体的某一个标准，而是指多个网页标准的集合。归结起来，网页标准主要规定了网页必须具备以下三个标准：结构标准（Structure）、表现标准（Presentation）和行为标准（Behavior）。因此，可以说W3C与网页标准的确立是网页发展史上的一个里程碑。

（三）开始注重网页的审美性

在将HTML作为网页的标准标记语言之后，表格布局技术对于网页结构标准设立的可用性开始彰显，网页设计师们开始大量使用表格布局技术来构建与表现比以往更加复杂的网页。从此，网页版面的审美性开始被重视。首先，页面结构不再是以前单一的标题与正文，而是变得更加有层次，初步具备了网页的结构秩序与形式美感。其次，GIF格式的图片被大量地使用在网页设计中，丰富了网页的视觉表现，网页开始从单一媒体形式向多媒体形式拓展。也正是从这个时候开始，网页设计开始进入视觉传达艺术设计的行列。（图1-2、图1-3）

（四）多媒体成为网页的主角

从这个时候开始，网页设计师们开始更加注重网页的视觉效果，因为他们发现，静态的网页已经无法满足多元化信息传递的需求，更加不能满足用户愈发挑剔的眼光和日益增长的眼界。因此，各种各样的多媒体技术开始被应用在网页中，用以满足用户在视、听与交互方面的多元需求。其中，Flash制作的具备丰富而生动的动画效果、小巧而适合在线传输与应用的动态媒体在网页中大行其道。同时，Flash技术的发展还使得那些不仅拥有大量动态元素，且互动趣味性更强的整站的创建与发布成为可能。在这个时期，网页开始第一次正式向四大传统媒体发起挑战，且初战告捷。（图1-4）

（五）技术与艺术并重的网页时代

21世纪初期，在多媒体技术盛行于网页设计领域的同时，几种用于制作动态交互网页的技术也在如火如荼的发展中。动态交互页面（DHTML）的设计与制作成为这个时期网页设计的主角，因为这类网页不仅实现了用户与网页之间真正的交互——多元交互，还便于普通用户对于网页的维护与管理。同时，在网页界面设计方面，更多以前从未有过网页特效基于以CSS语言为代表的网页语言的蓬勃发展得以实现，极大地丰富了网页设计的形式表现；同时，CSS语言将网页的视觉结构与信息内容分而治之，简化了网页布局与制作的程序，也使得网页的修改与维护更加简捷。从此，网页进入了技术与艺术并重的时代。

今天，移动互联网时代到来，这是互联网发展史上的又一次飞跃。智能手机、平板电脑随处可见，充斥着社会发展与人类生活的方方面面，这一发展趋势必然要求网页无论是在使用功能方面，还是在视觉效果方面都能满足移动设备的使用。庆幸的是，新兴的网络技术和视觉表现原理的发展与进步，促使网页移动客户端和APP的诞生与发展，这个互联网领域内的伟大进步再一次确立了网络媒体以绝对的优势屹立于各类媒体之巅。

另外，在这个时代，优秀网页的标准还不能只是满足人机交互的需求，还应该在此基础

图1-2 1996年的Yahoo网页

图1-3 1996年的Altavista网页

图1-4 20世纪末期至21世纪初期的Flash网页

上将人性化设计提升到网页设计的首位，使网页变得更加亲和与周全，使其更好地服务于广大用户。

二、网页的特点

网页之所以迷人，是因为它强大的功能和美丽的外观总让人无法割舍呢？还是因为它的包罗万象与无所不能呢？在对互联网与网页有了一个初步的印象之后，这一切的疑问将在网页的特点中得到一一解答。

（一）现实虚拟

21世纪，是现实世界与虚拟世界共存的时代，信息技术的发展改变了人类的生活方式，加快了人类的生活节奏，人们的生活也愈发依赖互联网。在本书的开篇就已经指出，互联网的存在形式是虚拟的，那么基于互联网的网页也必然是以虚拟的形式存在的。然而，存在形式的虚拟丝毫没有影响到网页与人类、社会之间的关系，因为在当代，网页这个虚拟平台上几乎可以完全模仿和构建人类的现实生活，虚拟的社区、图书馆、生活助手、金融服务、3D地图、网络商城……诸如此类，都可以通过不同类型的网页直接为人类提供各种现实的服务。因此，网页是现实与虚拟的完美结合体。

（二）技术主导

毋庸置疑，互联网和信息技术是网页存在和发展的基础。从网页发展史可以看出，网页的发展是以互联网和计算机技术的发展为轴心的，这是网页与时俱进、保持与时代发展紧密性的关键；从Web1.0时代到Web2.0时代，再到如今的移动互联网时代，从这个发展历程我们可以看出，以数据为核心的传统网络模式已经完全被以人为核心的新型网络模式所取代，新时代网页的特征是服务多元化、功能人性化与操控智能化，这是互联网和信息技术发展变革的直接表现。

（三）媒体交融

媒体交融，是网页优于传统媒体的一个重要特点，也是网页成为热点的一个主要原因。网页的媒体交融是基于互联网支持多元信息传播方式的技术而发展起来的。在网页中，利用互联网技术将多种传播媒体整合在一起，通过多种静态媒体与动态媒体结合的复合多向的传播方式为用户提供信息服务，彻底颠覆了传统媒体时代单一、单向的信息传播方式，极大提高了信息传播的有效性，深层次全方位地丰富了用户的阅读视野。

（四）多元互动

网页，之所以有别于传统媒体，关键的一点是在于它能够实现即时的人机互动。在动态交互技术出现以前，网页只能够提供简单的人机互动，即单向互动，而今天，在这个平台上我们体验到了网页真正的交互性——多元互动。多元互动不仅完善和发展了人机互动，更重要的是多元互动使得网络信息时代人与人、人与计算机之间的互动更加丰富周全、便捷妥帖，这是多元交互最重要的特点。我们用微博和微信交流心得、畅所欲言，转载正能量、消除负面情绪；我们在欣赏与收集，也在传递与分享；我们在方便自己，也在为他人提供帮助；我们以各种各样的方式结交朋友和交流思想，我们无拘无束地徜徉在这个史无前例的网络共享时空。

（五）艺术审美

在设计艺术领域，艺术审美是除功能实用之外人们关注的第二个焦点，没有艺术审美，网页设计就将不再是设计艺术。当今天的互联网用户不再只是满足于网页强大的功能需求，而是对网页的视觉审美与艺术表现提出了更高的要求时，我们更应该看到艺术审美对早已跨入视觉传达艺术设计领域的网页设计来说是多么重要。互联网与信息技术构建了网页强大的

内在核心，视觉艺术与审美思潮赋予了网页多样的外观形式，实用与审美的结合是网页设计永恒不变的发展趋势。所以，当一部分人还在质疑艺术审美对网页设计的重要性的时候，还在用短浅的目光挑剔网页艺术审美作用的时候，无须理会，因为事实就是最好的证明，网页这个超级媒体将用多样的审美意趣妆点整个互联网世界。（图1-5、图1-6）

图1-5 Google为不同国家国庆节或独立日设计的网页Logo

Seven Sleepers Day (Germany)

Bastille Day (France)

Ivan Kostoylevsky's Birthday (Ukraine)

Battle of Flowers in Laredo (Spain)

Mid Autumn Festival (China, Singapore)

Carnival (Brazil)

Tomato Festival (Spain)

Day of the Dead (Mexico)

Shinkansen (Japan)

Béla Bartók's Birthday (Hungary)

Mid Autumn Festival (Vietnam)

Charles Rennie Mackintosh's Birthday (UK)

图1-6 Google为不同节日或纪念日设计的网页Logo

三、网页的分类

随着时代的不断发展，对于多元化生活方式的渴求使得人们对网页的需求越来越多样精细，为满足这种发展趋势，更多以人为本、服务需求的创新型网站正在不断地崭露头角，丰富着整个网络世界。

网页，作为一种传播媒体与服务平台的载体，有着非常广泛的用户群体，由于网页所属的网站不同、运营主体不同，所提供的服务与受众也就大相径庭。因此，根据网页所包含的内容与提供的服务不同，现代网页大致可以分为门户搜索网页、商务平台网页、文化教育网页、另类艺术网页、娱乐网页、个人网页等定位明确且使用范围较广、沿用时间较长的网页类别。当然，除上述类别之外，还有更多的网页类型在不断涌现，在数字时代我们应该与时俱进，以发展辩证的眼光看待网页分类的变化，在以需求为导向的网页类型变化和以艺术与技术完美结合的网页设计发展的总趋势中把握网页类别的发展变化。

本节中，在对网页的分类进行表述的同时也分别阐述了不同类别的网页在设计方面的不同原则，但在具体的设计中，则应该突破固有的思维模式，用艺术的激情与技术的理性进行设计创新，用行业特征鲜明、服务功能完善、审美表现卓越的网页，为企业、商家和广大用户服务。

（一）门户搜索网页

门户搜索网页包括门户类网页与搜索引擎网页两大类，它们的共同特点是提供种类繁多、容量庞大、更新率高的信息资源，同时，该类别网页拥有极其庞大的受众群体，因此访问量也是各类网页中最高的。

1. 门户网页

门户网页可以说是所有网页类别中数量最多、涉及面最广、分类最为复杂的一类。

从受众范围与功能需求大致可以将门户网页分为综合门户网页、区域门户网页、政府与机构门户网页、企业门户网页四大类型。不同的门户网页拥有不同的受众群体与功能特征，需要逐一了解不同门户网页的特点，归纳与分析其设计要点，对门户网页的设计形成一个较为全面的印象。

（1）综合门户网页

综合门户网页定位明确，主要是为广大用户群体提供有关时事新闻、科技发展、文化教育、时尚资讯、娱乐运动等社会生活所广泛涉及的信息资源与需求服务。综合门户网页具有覆盖面广、包容性强、受众群体多样等特点，是广大用户关注时事、获取资讯、接轨世界的网络门户窗口。国内比较著名的综合门户类网站有搜狐、新浪、网易、腾讯、雅虎、人民网等。

在综合门户网页的设计中，简洁包容、秩序明确是需要把握的基本原则。首先，由于综合门户网页信息量庞大，须形成一个秩序性较强的版面形式，给用户营造一个良好的浏览与阅读流程，促进信息的有效传播；其次，须根据信息的重要性和更新率进行版面编排，形成层次关系明确的信息栏目与浏览序列，通常时事新闻等重要栏目均需要编排在网页版面中较为醒目的位置；另外，通过设计精良的视觉形象与色彩编排塑造综合门户网页的品牌形象，既能区别于同类竞争对手又能在用户心目中形成恒定的品牌视觉印象。（图1-7、图1-8）

（2）区域门户网页

区域门户网页是指以某个地区城市或行业领域为单位的门户网页。网页以该地区或该领域的用户为受众群体，提供该城市地区或行业领域内的各项综合服务，是树立与传播地区城市与行业形象的重要网络门户；著名的地区门户网，如腾讯网旗下的大渝网、大成网等各省市的区域门户，人民网旗下的以各省为单位的省级门户网页等；行业类门户网站的例子则更

图1-7 www.sina.com.cn（新浪网）

图1-8 www.163.com（网易）

多见，例如机遇网（中国机械行业门户网）、中国服装网、中塑在线等，各行各业均有其相应的门户网站，不仅为从事该行业的用户提供与行业相关的各项服务，同时也是数字信息时代行业形象塑造与传播的重要平台。

区域门户网页的设计要以和其上级门户网页形成统一与变化的关系为原则，而行业门户网页的设计重点则是在简洁包容的风格基础上突出各行业领域最显著的特征，通过个性独特的网页视觉形象形成在用户心中笃定、明确的行业印象。（图1-9至图1-11）

图1-9 www.sino-i.com（中国数码）

图1-10 www.chahuaquan.com（插画圈）

图1-11 www.arting365.com（中国艺术设计联盟）

（3）政府与机构门户网页

政府与机构门户网页是政府与机构提供各种政务及相关服务、与人民群众进行交流的平台与途径，也是政府与机构形象在网络平台上的直接体现。因此，政府与机构的门户网页要注重各项功能的齐全与完善，其中主要包括信息服务的及时性和全面性，互动功能的可控性与即时性等。此外，在该类网页的设计中，无论是页面的版式结构还是色彩体系，均应摒弃多余的装饰与表现，塑造符合政府与机构相关特征的简明扼要、秩序井然的页面风格，力求传达政府与机构严肃认真、庄严大气、效率一流的形象风貌。（图1-12至图1-19）

图1-12 France.fr-le site officiel de la France
（法国政府网站）

图1-13 Bundesregierung-Startseite
（德国政府网站）

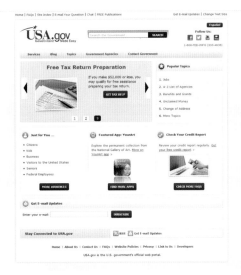

图1-16 The U.S. Government's Official Web Portal
（美国政府网站）

图1-14 La Moncloa. Home（西班牙政府网站）

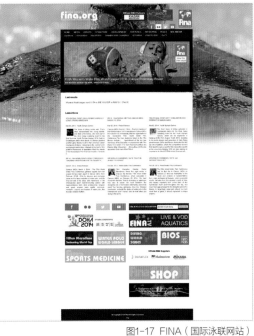

图1-17 FINA（国际泳联网站）

图1-15 WTO（世界贸易组织网站）

图1-18 国际奥委会官方网站

图1-19 World Bank Group（世界银行网站）

（4）企业门户网页

网络信息时代，企业门户网页的建立对于企业发展的重要性不言而喻。企业门户网页不仅是企业形象传播与品牌塑造的重要窗口，还是企业信息传递与网络营销的重要途径，因此亦可称之为企业官网。

由于企业门户网页是企业形象传播、品牌塑造、权威发布的唯一网络媒体平台，要求具备承载信息量大、访问速度快、功能多元、互动便捷、安全智能等特点，因此，完善雄厚的网络技术后台、多元便捷的功能设置是企业门户网页的核心。同时，在页面设计方面，首先网页的风格定位与气质基调应该符合企业的行业特征，突出企业门户网官方、权威的特点。其次，在设计中要注重企业经营理念与服务理念的传达，以企业视觉识别系统为核心，强化网页形象与企业形象的统一与服从。例如，须使用企业标准色作为网页主色调，利用色彩的传播力与感染力强化用户的视觉与心理印象。再次，在企业门户网中关于产品展示的网页，还应该强化网页的搜索功能与信息的更新速度，在设计方面则应该与网站首页形成统一与变化的关系。

总体来说，企业门户网页应该满足独特的风格气质表现、愉悦的页面设计编排、有序的产品信息传递、多元的服务功能设置等多方面的需求。遗憾的是，目前中国国内的企业门户网页的整体设计欠佳，技术滞后，远远落后于时代与经济发展的节奏，这些现状都与企业决策者对信息时代网页对于企业发展的重要性认识不够有很大的关系。因此，提升中国企业门户网页的水平是中国企业家与设计师共同的使命，也是增强企业竞争力、塑造企业新形象的重要途径。（图1-20至图1-23）

图1-20　百胜餐饮集团企业门户网与旗下KFC、Pizza Hut、Taco Bell产品网页

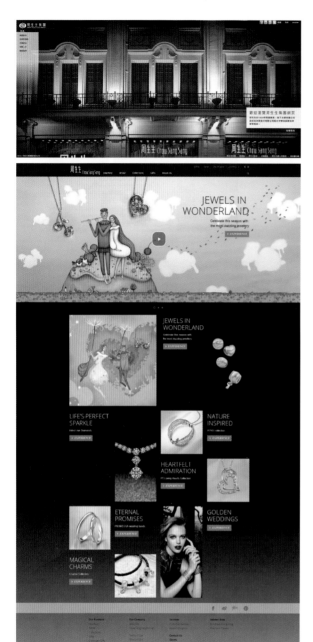

图1-21 周生生集团门户网页与产品网页

图1-22 苹果公司门户网页与iPhone、iPad产品网页

图1-23 爱茉莉太平洋集团门户网页与旗下梦妆品牌门户网页及产品网页

2. 搜索引擎网页

搜索引擎网页，百度百科给出的解释是：
"搜索引擎是指根据一定的策略、运用特定的计算机程序从互联网上搜集信息，在对信息进行组织和处理后，为用户提供检索服务，将用户检索相关的信息展示给用户的系统。"从该解释我们可以看出，搜索引擎网页的本质与核心是为用户提供信息搜索与服务获取的网页形式。搜索引擎根据其搜索方式与结果的不同分为全文搜索引擎、目录搜索引擎、元搜索引擎、垂直搜索引擎、集合式搜索引擎、门户搜索引擎与免费链接列表等。目前，谷歌（Google）与百度是著名的全文搜索引擎，微软MSN、美国在线（AOL）是门户搜索引擎的代表；LookSmart、About、雅虎属于目录搜索引擎中的翘楚。另外，一些搜索引擎在设计上也常常与其门户网页安排在同一页面中，如AOL、About、雅虎等，更加便于用户查找与浏览最新资讯。（图1-24至图1-33）

搜索引擎网页的设计必须以使用功能为核心，因此首页通常采用并列结构链接，将搜索引擎搜索的信息类型以并列速查的方式呈现于页面。同时，独特新颖、易于记忆的标志形象设计至关重要，它不仅是整个网页的视觉精髓，还是以独特简洁为特征的搜索引擎界面的视觉中心点，更是提高网页关注率和访问率的关键。其次，搜索引擎的页面设计要求独特简洁、统一完整，因此，简洁的栏目图标设计、独特的主题形象创意与色彩运用均是彰显其品牌形象与服务特征的有效手段。

图1-24 AOL（美）——门户搜索引擎

图1-25 微软的搜索引擎"必应"（美）——门户搜索引擎

图1-26 Dogpile（美）——元搜索引擎

图1-28 Sputtr（英）——元搜索引擎

图1-27 Infospace（美）——元搜索引擎

图1-29 ANZWERS（澳大利亚）——垂直搜索引擎

图1-30 FindIcons（美）——垂直搜索引擎（全球最大的图标搜索引擎）

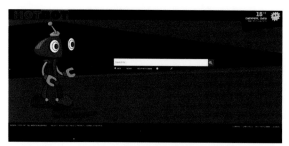

图1-31 HOTBOT（美）——集合式搜索引擎（以独特界面和更新速度快著称）

图1-32 LookSmart（美）——目录搜索引擎

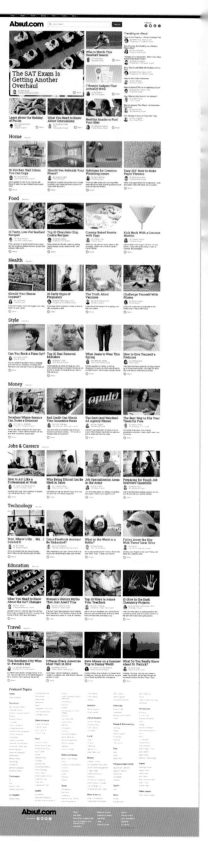

图1-33 About（美）——目录搜索引擎

（二）商务平台网页

　　网络信息时代，网络商务（Web Commerce）在经济形式结构中占有极大的比重，是推动经济发展的重要力量。网络商务从最初的简单电子邮件形式开始，几经发展，到今天成为一种完善成熟的以多元互动和人性关怀为出发点的新型网络商业模式，离不开各种商务平台网页、支付平台系统与移动商务软件的专业化发展。

　　网络商务是以互联网为平台，实现网络购物、网上交易与在线支付的各种商务活动、交易活动、营销活动、金融活动和相关经济综合服务活动的一种新型商业运营模式，该模式极大地提高了整个经济活动各环节的效率，推动了现代经济的发展与完善。归结而言，网络商务的行业特征是实现各种商业交易与活动的网络化、电子化和数字化。首先，功能强大的站内搜索功能、明确清晰的导航结构策划、编排有序的网页版面构成是商务平台网页设计的核心所在。其次，在页面的设计中还需要结合不同的电子商务品牌与服务类别，运用艺术设计的语言和手段进行大胆创新，设计出既满足时代与消费者需求，又具备时尚、个性与艺术审美的商务平台网页。另外，由于网络交易的虚拟性，交易诚信与人性关怀的彰显是该类型网页中应该予以表现的一个重要特征。因此，明确肯定的品牌形象传播、清楚有序的商品图片展示、智能便捷的界面导航设计与和谐舒适的色彩编排表现均是增加商务平台网页诚信与关怀的重要手段。（图1-34至图1-43）

图1-34 天猫——大型综合商务网购平台

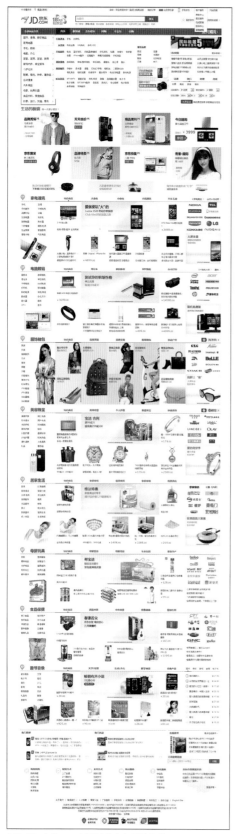

图1-35 京东——大型综合商务网购平台

图1-36 www.zenhankook.com——韩国家居生活用品商务网购平台

图1-37 www.ffeff.com——韩国时尚女鞋产品商务网购平台

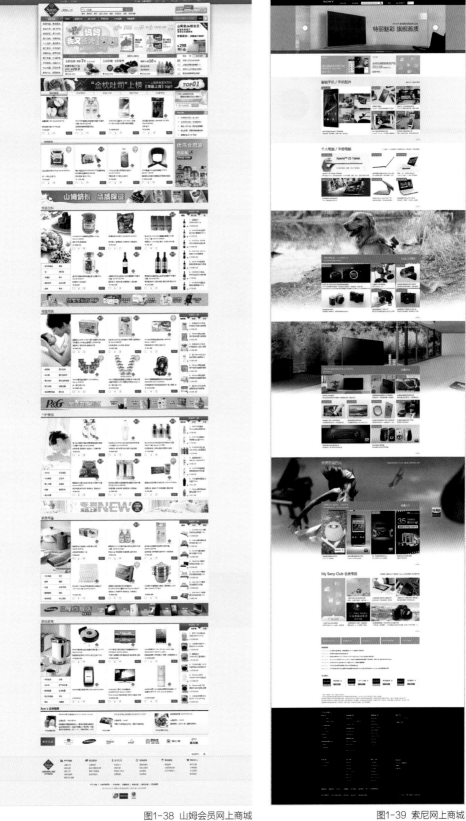

图1-38 山姆会员网上商城
——沃尔玛旗下零售品商务网购平台

图1-39 索尼网上商城
——品牌数码产品商务网购平台

图1-40 Benefit网上商城——品牌化妆品商务网购平台

图1-43 财付通——第三方商务支付平台

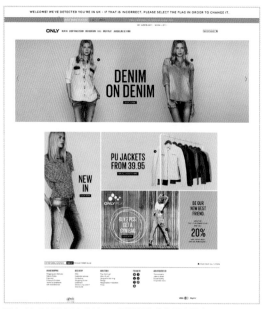

图1-41 ONLY网上商城——品牌服饰商务网购平台

图1-42 支付宝——第三方商务支付平台

（三）文化教育网页

21世纪，文化教育产业进入高速发展时期，传播的重要性在产业的发展中愈发彰显，网页平台成了文化机构、学校和各种教育机构信息传递与品牌塑造的重要手段。

首先，在以博物馆、图书馆为首的文化机构的网页设计中，文化氛围与行业特征的营造是网页设计的核心所在。因此，象征、比喻是该类网页设计中常用的表现手法，利用文化中具有典型象征意义和代表性质的事物或符号的创意表现，是网页文化氛围营造的重要手段。例如，卢浮宫博物馆网页使用了著名的美籍华人建筑设计师贝聿铭设计的玻璃金字塔幕墙图片作为网页背景，在页面中形成了对比与统一的视觉形式美感，这不仅彰显了卢浮宫博物馆的恢宏与庄严，更是其精神与文化传达的重要形式表现。

其次，在学校和各种教育机构网页的设计中，网页功能方面应该注重教育信息和行业资讯的传达与更新，以及服务于教育的各项功能的设置；在页面表现方面除了文化氛围与教育行业特征的体现外，还应该定位不同的风格形式，运用适合的设计语言与色彩体系表现不同层次和不同领域教育的特点，给用户传递诚信可靠、规范有序的教育品牌印象。（图1-44至图1-61）

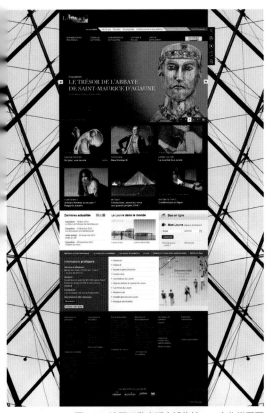

图1-44 法国巴黎卢浮宫博物馆——文化类网页

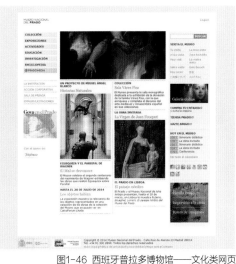

图1-46 西班牙普拉多博物馆——文化类网页

图1-47 中国台湾"国立故宫博物院"——文化类网页

图1-45 大英博物馆——文化类网页

图1-48 美国纽约大都会博物馆——文化类网页

图1-49 法国国家图书馆——文化类网页

图1-51 美国国家医学图书馆——文化类网页

图1-50 英国国家图书馆——文化类网页

图1-52 剑桥大学——教育类网页（高等教育）

图1-53 宾夕法尼亚大学——教育类网页（高等教育）

图1-57 美吉姆早教中心——教育类网页（早期教育）

图1-54 耶鲁大学——教育类网页（高等教育）

图1-58 爱育幼童早教中心——教育类网页（早期教育）

图1-55 复旦大学附属中学——教育类网页（基础教育）

图1-59 学而思培优——教育类网页（专项教育）

图1-56 北京四中——教育类网页（基础教育）

图1-60 美拓艺术与设计培训中心——教育类网页（专项教育）

图1-61 英孚英语教育——教育类网页（专项教育）

（四）另类艺术网页

艺术，特别是视觉艺术，其本质在于表达与众不同的形式与情感，突出个性与大众审美的统一。在当代，艺术类别与形式的多元、创造与表现手法的变革、传播与接受方式的进步使得艺术类网页的设计需要有更高的标准，以便在今天琳琅满目的网页领域中体现艺术类网页的另类之美。各类设计公司、艺术群体、艺术馆的网页均是另类艺术网页的代表。

另类艺术网页的设计，关键在于表达艺术主题异于其他主题的独特形式和另类气质。在设计中，首先要把握各艺术形式的特征，展现在不同时代与文化意识形态下艺术形式的不同个性，以体现艺术网页作为艺术传播的窗口与载体的重要作用。其次，应充分利用不同艺术形式所具备的形态语言进行艺术创新，设计出自出机杼、卓尔不群，具有另类艺术氛围与前卫艺术理念的网页传播平台。（图1-62至图1-67）

图1-62 www.beksinski.pl——另类艺术网页

图1-63 www.musee-rodin.fr（法国罗丹美术馆）——另类艺术网页

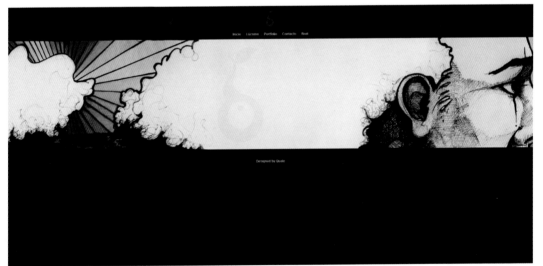

图1-64 lucuma.com.ar——另类艺术网页

图1-65 stripes-design.pl——另类艺术网页

图1-66 设计旅程——另类艺术网页

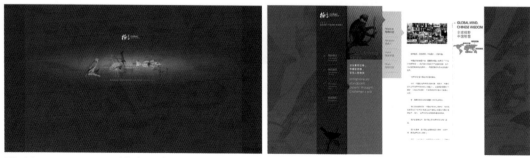

图1-67 www.meikao.com（梅高设计）——另类艺术网页

（五）娱乐网页

信息时代，娱乐方式与手段的多样化和网络化已经成为娱乐行业的一个重要特征。根据当代比较主流的娱乐形式可以将娱乐网页划分为：影视网页、音乐网页、游戏网页与动漫网页，它们除了担负着引导人们在繁重的工作之余娱乐游戏和休闲放松的重要功能外，还是娱乐项目与行业的重要宣传窗口。

1. 影视网页

在当代，服务需求的趋势使得影视网页的分类愈发细化，根据其功能不同可以分为：承担影视剧介绍与推广的影视宣传网页；提供影视剧在线观看与下载的影视平台网页，如爱奇艺、土豆网等；提供各类影评、新片预告、经典赏析、电影资讯与交流社区等多元功能的影评交流网页，如豆瓣等。在具体的设计中，影视宣传网页通常选用电影海报的相关素材与主角人物进行创意表现，这种设计形式应追求丰富的艺术与视觉表现力，增强网页的氛围营造给用户带来的感染力。同时，应注重网页风格与电影风格的呼应关系，强化影视剧对用户的诱导作用。其次，在影视平台类网页与影评交流网页的设计中，则应该突出网页作为资源平台与交流平台的功能，用轻松趣味、包容简洁的设计风格凸显与衬托影视的多元印象之美和平台的亲民之风。（图1-68至图1-76）

图1-68 《消失的子弹》——电影宣传网页

图1-71 《美女与野兽》——电影宣传网页

图1-69 《101次求婚》——电影宣传网页

图1-72 《霍比特人》——电影宣传网页

图1-70 《白蛇传说》——电影宣传网页

图1-73 《变形金刚4》——电影宣传网页

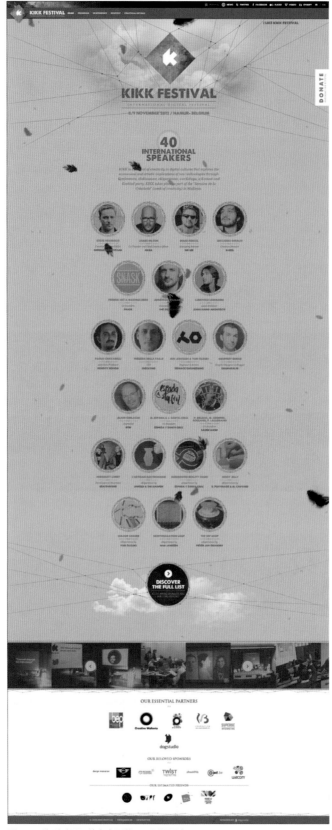

图1-74 比利时国际数字电影节——影视平台

图1-75 土豆网——影视平台

图1-76 时光网——影评网页

2. 音乐网页

　　娱乐网页中的第二大类别音乐网页，主要指区别于艺术音乐与传统音乐，给人们提供以音乐为娱乐形式的现代流行音乐网页。在该类网页的设计中，音乐的风格与调性主宰着其网页的风格形式，如蓝调、摇滚、爵士、金属乐、电子音乐、乡村音乐、拉丁音乐、轻音乐、现代民歌等，都是属于现代流行音乐的范畴。首先，现代流行音乐由于形式的多样与受众的广泛，其网页形式应该把握现代、前卫的总体风格与设计脉络。其次，各类音乐素材是网页设计中具有典型意义的创意表现元素，如乐器、音乐符号、音乐设备等，通过使用天马行空、无拘无束的创意表现来表达与强化音乐的视觉感染力，使网页的风格与音乐的调性完美契合，构建起音乐听觉传递与网页视觉表现之间沟通的桥梁。（图1-77至图1-83）

图1-77 play.lso.co.uk——音乐网页

图1-78 www.tentacletunes.com——音乐网页

图1-79 www.djdhanai.com——音乐网页

图1-80 www.momentium.no——音乐网页

图1-81 www.musicradar.com——音乐网页

图1-82 intromusique.ca——音乐网页

图1-83 www.jmusic.co.kr——音乐网页

3. 游戏网页

游戏是一种必须有主体参与的、能够直接获得快感的活动。玩家在游戏的过程中通过不同的刺激方式和刺激程度所产生的动作、语言、表情等变化来获得快感。

游戏网页存在的目的在于提供游戏指南、游戏下载、游戏资讯、游戏服务等相关功能，以吸引更多的人参与到游戏之中，因此注重网页所带来刺激性与诱惑性是游戏网页设计的首要任务。在具体的设计中，多采用游戏界面与相关角色作为主要设计元素，同时兼顾游戏受众群体的审美需求，运用夸张、强调的表现手法，设计出超脱现实与别出心裁的游戏网页，给用户创造身临其境的形象诱导，使其形成对游戏的初步印象与体验，促使用户迅速参与到游戏之中。（图1-84至图1-90）

图1-86 www.colibrigames.com——游戏官方网页

图1-87 www.animaljam.com——游戏官方网页

图1-84 www.habbo.com——游戏官方网页

图1-88 www.chimpoo.com——游戏官方网页

图1-85 www.g5e.com——游戏官方网页

图1-89 www.livly.com——游戏官方网页

图1-90 www.loadout.com——游戏官方网页

4.动漫网页

在当代，动画（animation）和漫画（comics, manga），特别是故事性漫画之间联系日趋紧密，两者通常被合称为"动漫"。动漫是一门创造性的幻想艺术，它能够把现实中的不可能变成可能，创造出超越现实、奇幻唯美的虚拟世界，是人类对美永恒不变的追求的一种精神意境展现。动漫卡通网页，是随着当代动漫产业的迅猛发展而出现的一种新兴的网页类型，动漫产业的兴衰决定着动漫卡通网页的存在与发展。

今天，以美国和日本为首的世界动漫卡通产业正处于发展的黄金时期，无论是在创意表现还是技术制作方面均达到了一个相当的高度。因此，当代动漫卡通的类别大致分为以日本动漫为代表的以剧情手绘见长的二维平面风格和以美国动画为代表的以CG技术为核心的三维立体风格两大类，动漫卡通类网页的风格定位与设计制作将以所属动漫类型为导向，以美的创造为目的，以传递快乐与分享感动为使命。因此，无穷的想象力和创造力是动漫卡通网页设计中永不枯竭的创意源泉，精致、唯美与个性将是动漫卡通网页设计永恒不变的追求。（图1-91至图1-97）

图1-91 www.pixar.com——动漫网页

图1-93 www.ghibli.jp——动漫网页

图1-92 www.whoawee.com——动漫网页

图1-94 fun.jr.naver.com/princess——动漫网页

图1-95 www.profedota.ru——动漫网页

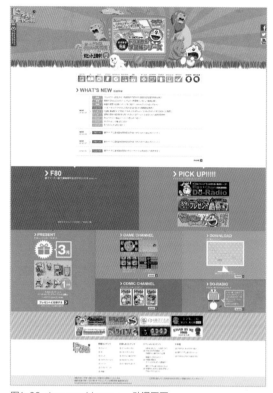

图1-96 dora-world.com——动漫网页

图1-97 www.iceagemovies.com——动漫网页

（六）个人网页

个人网页是网络信息时代人与人之间沟通和交流的一种潮流和时尚。简单地说，个人网页是指由个人或单个团体创建和管理，因某种兴趣，或拥有某种专业技术、能够提供某种服务，或为了表达一些个人观点，或为了展示销售自己的作品、产品等而设计制作的具有独立空间域名的网页类型。

个人网页一定是以个人的信息与观点的传递为核心。因此，个人网页设计制作的关键是：首先，要明确三个设计要点，即明确的方向定位、特定的内容组成与精准的用户聚焦。其次，网页的风格气质与创建者的形象个性是息息相关的，个性地融入使个人网页显得更加匠心独具。因此，个人网页的风格形式是内敛含蓄的，或是热情活泼的；是温柔细腻的，或是豪迈粗放的；是前卫时尚的，或是复古传统的；是幽默随性的，或是虑周藻密的；是清新隽永的，或是浓墨重彩的……再次，在个人网页的设计中，最易给用户形成深刻印象的网页主题形象的设计至关重要，体现个人风格特征的照片形象与象征图形是创建网页主题形象不可或缺的设计要素，这一点在明星的个人网页设计中更加凸显。另外，在设计中不要拘泥于已有的设计形式，应该结合网页的性质与风格在网页的形式编排、色彩搭配与符号语言等方面大胆创新，设计出独一无二、彰显个性的个人网页门户窗口。（图1-98至图1-105）

图1-98 www.willsmith.com——明星个人网页

图1-99　parkboyoung.kr——明星个人网页

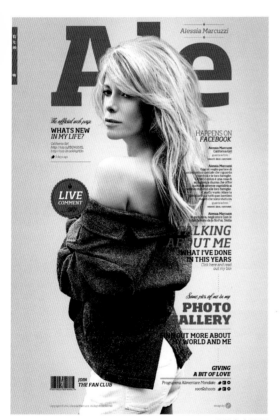

图1-100　www.alessiamarcuzzi.com——明星个人网页

图1-101　www.julia-music.ru——明星个人网页

图1-102　www.audreyhepburn.com——明星个人网页

图1-103　www.rung9.com——个人网页

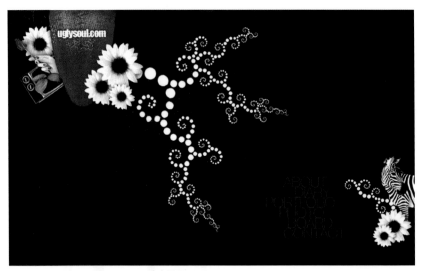

图1-104　www.uglysoul.com——个人网页

图1-105　新图腾（于宝原创设计）——个人网页

（七）结语

时代在进步，社会在前进，没有任何事物是永恒不变的，因此网页的类型也无法用绝对、标准一类的词语来概括形容。有的网页类型随着社会的进步与需求的改变逐渐淡出人们的视野，更多的网页类型则因为以人为本、服务需求的网页发展趋势而诞生，有的已经成功并实现商业运行，有的仍处于探索阶段。但不管怎样，网页类型的变化已然形成了一种承上启下、前赴后继的发展态势，这种发展态势令人欢欣鼓舞。同时，我们还应该看到不同类别的网页之间错综复杂、千丝万缕的联系，因此在网页的分类中切不可一概而论，应该结合实际情况进行划分。例如，不少针对儿童群体所设计的网页，将儿童作为一种特殊的网页受众群体进行归类，可以将这一类别的网页分为生产与销售儿童用品的企业门户和产品网页、为儿童成长和教育提供相关服务的各类机构网页两大类。在网页的设计中则需要把握儿童的天真可爱、活泼纯真是儿童父母辈心中挥之不尽、抹之不去的心理情结这个设计要点，运用可爱烂漫的艺术风格、活泼简洁的视觉元素、明亮单纯的色彩搭配等设计手段进行网页设计。再比如对于上面所提到的音乐网页的划分，从其功能和服务群体来看，流行音乐网页因其性质与功能以及广泛的受众群体被划分到了娱乐类网页中，而传统音乐和专业音乐由于其专业性、学术性与艺术性则应该被划分到艺术类网页的范畴之中，分类的不同也就决定了网页的设计方向与形式表述的相异。有鉴于此，本书无法将所有的网页都分门别类地呈现给大家，只希望能抛砖引玉，翘首以待更多关于网页分类的新观点、新理论得以出现，为网页设计艺术的发展添砖加瓦。

052

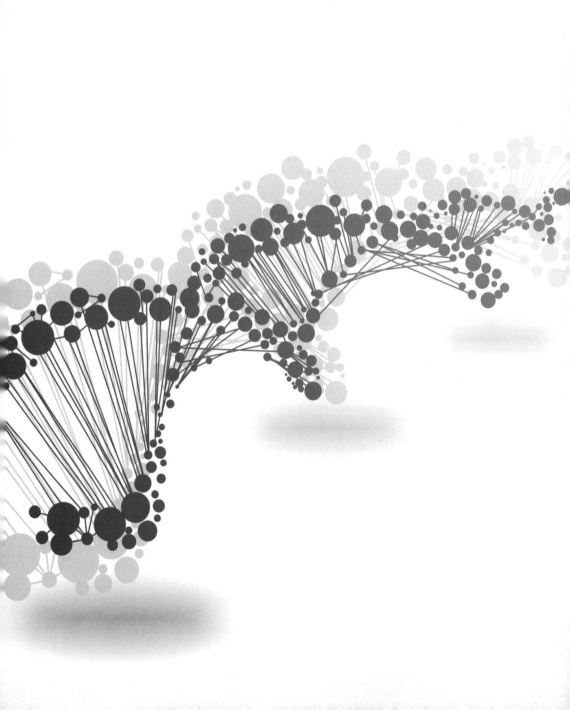

数字信息时代，一个飞速发展的时代，一个充满了无穷变化的时代。我们可能无法看到的，却随时能够感受到的以数字信息技术发展为导向的时代，几乎所有的事物都改变了以往的发展轨迹，以一种全新的形式和速度蓬勃前进、发展创新……

无论是那静态的唯美，还是那变化的瞬间，也许是那令人目不暇接的闪烁，或是那恬淡安静的落幕……都离不开幕后默默无闻的网页技术力量。支撑网页强大功能的技术力量我们无须再提，我们需要强调的是在网页设计领域，利用不断发展进步的网页技术更好地服务于网页的艺术创意与表现，为网页设计开拓了更为广阔的发展空间。可以看到，自网页诞生以来，网页技术的发展使得很多的不可能变为了可能，网页的发展史其实就是网页技术的进步史。

因此，在明确了网页技术的特点之后，为了实现优化网页设计的目的，拿起分析和记忆的利器，一起探究与鉴识网页的技术与媒体，储备专业且现代化的技术与理念，这是网页设计的关键。

第一节 技术识别——网页设计的基础

网页技术的了解与掌握，是学习网页设计的基础。本书将网页设计的相关技术分成如下四大类别：网页语言、网页链接、网站域名与网络协议。希望能对读者学习网页技术有所帮助。

一、网页语言

识别常用的网页语言并了解其格式特性、运行原理与承续交叉关系，是网页设计与制作的基础和前提条件。

（一）HTML

HTML是HyperText Markup Language的缩写，意为超文本标记语言，是为网页的创建与其他可在网页浏览器中看到的信息所设计的一种标记语言。所谓超文本，是指它可以加入图片、声音、动画、视频等多媒体内容，并且通过超级链接可以进行文档之间的跳跃式阅读，以及与世界各地主机的文件相连接的文件格式。HTML同时还是一种规范和标准，它通过标记符号来标记网页中的各个部分，并经由浏览器解析来显示网页内容，因此HTML也是网络的编程基础。需要注意的是，不同的浏览器对于HTML的同一标记符号可能会有不完全相同的解释，因而会产生不尽相同的显示效果。简而言之，网页的本质就是HTML，通过结合使用其他的Web技术，可以创建出功能强大的网页。目前，最为流行的是HTML5，是用于取代1999年所制定的HTML4.01和XHTML1.0的HTML标准版本，被大部分浏览器所支持。

另外，HTML具有制作简易、平台兼容与浏览通用三个特点，这正是HTML盛行于网络的原因。

（二）CSS

CSS，一种用来表现HTML或XML等网页文件样式的计算机语言，中文名称为"级联样式表"，目前最新版本为CSS3，是一种能够真正做到网页表现与内容分离的样式设计语言。

CSS语言最早发布于1996年，是一项得到W3C推荐的网页样式语言标准。相对于传统HTML对网页样式的表现机制而言，CSS能够对网页中对象的位置与编排进行像素级的精确控制，同时拥有对网页对象和模型样式编辑的能力，并能够进行初步交互设计，是目前网页设计领域最优秀的样式设计语言。

CSS语言的应用，精简了以往网页制作过程中的多余代码，降低了网页修改与维护的难度。同时，页面代码的减少提升了网页的访问速度，增加了与搜索引擎的友好程度，更加有利于网页在网络上的搜索。另外，在网页布局方面，相对于传统网页的表格布局，CSS+DIV布局可能会导致一些浏览器的不兼容，可以尝试多样化的浏览器测试或其他办法来解决。

（三）JavaScript

JavaScript是一种基于对象和事件驱动并具有相对安全性的客户端脚本语言，同时也是一种广泛用于网页客户端开发的脚本语言，主要用于为HTML网页添加各种动态功能，简言之，JavaScript就是适应动态网页制作的需要而诞生的一种新的编程语言。JavaScript的出现不仅使网页和用户之间实现了一种即时、动态的交互关系，缩短了网页与用户之间的距离，还能让网页包含更多精彩的动态元素和内容，让许多精彩的瞬间成为可能。

完整的JavaScript语言是由用于描述该语言的语法和基本对象的核心（ECMAScript）、描述处理网页内容的方法和接口的文档对象模型（Document Object Model，简称DOM）、描述与浏览器进行交互的方法和接口的浏览器对象模型（Browser Object Model，简称BOM）三个部分组成。需要提醒的是，运行用JavaScript语言编写的网页需要能支持JavaScript语言的浏览器。

（四）DHTML

DHTML是Dynamic HTML的简称，即动态的HTML语言。严格地说，DHTML不能算是一种真正意义上的网页语言，也不是一种类似于HTML语言的网页标准。那么，DHTML究竟是什么呢？简而言之，DHTML是相对于HTML而言的一种新兴的网页制作概念，是用于制作动态交互网页的一种网页技术集成，主要包括HTML、CSS与JavaScript等网页语言。其中，HTML定义网页结构，CSS定义网页样式，JavaScript定义网页行为，三者相互结合构建出来的DHTML页面操控更加便捷、形式更加美观、互动更加多元。因此，DHTML被广泛地应用到网页的制作中，成为一种当前非常实用的网页制作技术。

二、网页链接

网页链接又称为超链接（Hyper Link），是指从一个网页指向另一个目标的连接关系，这个目标可以是另一个网页，也可以是同一个网页上的不同位置，还可以是一段文字或一张图片、一个电子邮件地址、一个文件，甚至是一个应用程序。总而言之，网页链接的核心是在计算机程序的各模块之间传递参数和控制命令。

因此，根据网页中用来做超链接的不同对象，可以将其分为文本链接、图像链接、E-mail链接、锚点链接、多媒体文件链接、空链接等，其中多媒体文件链接可以使用图形、声音、动画、影视图像等多媒体文件作为链接对象，也可以称作超媒体链接。

另外，根据网页中链接的不同路径，网页链接一般分为内部链接、外部链接和锚点链接三种类型。

三、网站域名

域名的英文全称为Domain Name，是由一串用点分隔的名字组成的Internet上某一台计算机或计算机组的名称，用于在数据传输时标识计算机的网络方位。域名是一种易于识别的字符型标识，是企业、政府、非政府组织等机构或者个人在互联网上相互联络的网络地址。因此，域名的首要功能是识别功能，是机构和个人在网络上的重要标识，便于他人识别与检索机构或个人的信息资源，从而更好地实现网络上的资源共享。除了识别功能外，域名在虚拟环境下还可以起到引导、宣传、代表等作用。需要强调的是，域名的一个重要特点是具有唯一的不可复制性，如果一个域名被注册，其他任何机构和个人都将无法再注册相同的域名。所以，虽然域名只是应用于网络中，但是它已经具备类似于商标和企业标志的特征。

域名通常分为两种类型，一种是国际域名（international top-level domain-names，简称iTDs），也叫国际顶级域名，是当今世界使用最广泛的域名。例如：表示工商企业的.com，表示网络提供商的.net，表示非营利组织的.org等。第二种是国内域名，又称为国内顶级域名（national top-level domain-names，简称nTLDs），即按照国家的不同，分配不同的后缀名称，这些域名即为该国的国内顶级域名。目前200多个国家和地区都按照ISO3166国家代码分配了顶级域名，例如：中国是.cn，法国是.fr，中国香港是.hk等。

四、网络协议

网络协议是指为计算机网络中进行数据交换而建立的规则、标准或约定的集合。网络协议由语义、语法和时序三个部分组成，在网络协议中，语义定义了我们要做什么，语法定义了我们应该怎么做，时序则定义了事件所做的顺序。

常见的网络协议有：TCP/IP协议、NetBEUI协议、IPX/SPX协议等。TCP/IP协议毫无疑问是这三大协议中最重要的一个，作为互联网的基础协议，任何与互联网有关的操作都离不开TCP/IP协议，因此TCP/IP是目前应用最广泛的网络协议。但TCP/IP协议也有它不可避免的缺点，即使用它浏览局域网用户时，经常会出现不能正常浏览的现象，因此TCP/IP协议在局域网中的通信效率并不高。

NetBEUI协议即NetBios Enhanced User Interface，它是NetBIOS协议的增强版本，曾被许多操作系统采用。NetBEUI协议是一种短小精悍、通信效率高的广播型协议，安装后不需要进行设置，特别适合于在局域网内的数据传输。所以除了TCP/IP协议之外，建议小型局域网的计算机也应安装NetBEUI协议，以确保数据的顺利传送。

IPX/SPX协议是Novell开发的专用于NetWare网络中的协议，其零设置功能主要用于各种网络游戏的联机应用，因此，大部分主流网络游戏都支持IPX/SPX协议。

第二节 媒体交融——网页设计的灵魂

媒体，信息传播的媒介，是网页实现多元信息整合与传播的必要技术手段。网页中的媒体主要包括静态媒体元素与动态媒体元素两大类，不同媒体的设计与制作需要不同的软件与工具。因此，本节将媒体技术与其设计制作的软件或工具进行归纳，强化理论知识的针对性和技术实践的连贯性，使理论与实践实现真正意义上的融会贯通。

一、秀外慧中——网页的静态呈现

静若处子、动若脱兔、动静皆宜，均是形容网页表现的至高境界。从网页的发展与特点来看，网页设计的动与静之间是前后承袭的关系，先有静，后有动；先有架构基础，后有交汇多元。网页的静态媒体元素主要包括图片和文字，图片元素以其丰富的内容信息与多元的表现形式，文字以其内敛的造型气质与精湛的编排方式，成为网页设计中信息传递与设计表现不可或缺的重要内容。再结合如色调、符号、装饰等网页静态设计元素，静谧中的或唯美、或恬淡、或精彩、或张扬、或奢华、或朴素的风格，全在这内外兼修、智慧满溢的网页静态表现之中。

（一）静态媒体元素

1. 图片

图片是图形与图像的总称，是网页设计最常用的设计元素之一。图片具有在视觉传达方面的先天优势，能够超越文字和语言的障碍将信息内容表达得更加直观与生动。在网页设计中，图片设计制作的要点主要包括掌握图片的形式表现与格式特点两个方面。

（1）形式表现

①矩阵编排

一张或多张图片以完整的矩形形式规则有序地编排放置在网页版面中，这种图片编排形式被称作矩阵编排。

矩形图片本身具有很强的独立存在感，在网页的页面空间关系中容易与其他视觉元素形成对比而表现出强大的视觉张力和心理磁场，成为吸引用户关注的焦点因素。但是，矩形图片需要设计师进行有意识的创意表现处理与编排形式构建，否则其刚硬的边缘轮廓形态将难以与版面其他设计元素和谐共处。因此，色调、合成、裁切、圆角、投影、边框等均是处理单张矩形图片的有效表现手段，可以形成权威肯定、张扬突出的版面性格特征；重复、对比、并列、错落、呼应等设计手法则是多张矩形图片进行矩阵编排的重要方式，会给用户留下直观有序的网页视觉印象。（图2-1至图2-5）

图2-1 www.rustboy.com

图2-2 www.schapker.com

图2-3 Calvin Klein中国官网

图2-4 www.loisjeans.com

图2-5 www.thebeatles.com

②满版编排

满版编排是指在网页版面设计中有意识地将图片延伸至页面边缘，扩充到页面的有效尺寸之外，这种编排手法使整个版面产生无边框，且充裕丰满的视觉效果。

满版编排在网页设计中通常是根据设计的需求将相关图片作为页面背景使用，不仅能强化页面的个性特征，还能使页面产生蔓延、舒展的视觉感受；加之对图片本身的创意设计，通过与图片、色块、文字及其他设计元素的组合编排，能够形成多层次、丰富有序的视觉空间形态，更加有利于网页主题意念的传递与情感的抒发。如图2-6，大自然保护协会的网页中就使用了大量彰显网页主题的图片作满版编排，不仅突出了呼吁保护大自然的网页主题诉求，更形成了一种让人身临其境的自然情景页面与清新、自然、亲切的网页风格。（图2-7至图2-9）

图2-7 hair-makeup.dk

图2-8 thirtydirtyfingers.com

图2-9 www.mecre.ch

图2-6 tnc.org.cn大自然保护协会

③退底编排

退底编排，顾名思义是指图片只保留设计需要的部分，去掉背景与其他元素，使被保留的对象具备更加鲜明的个性特征，是网页设计中一种重要的图片表现形式。退底图片比较容易与网页版面中的背景、颜色、图形、文字等设计元素结合，形成整体协调、生动多变的视觉效果。多个退底图片的同时编排还能使网页产生简洁清爽、统一有序的版面印象，这种图片编排形式经常使用在商务网页中的产品展示区域，干净单纯的背景与产品形象的组合是突出产品个性特征、彰显产品高贵品质不可或缺的重要手段。

退底图片在编排表现的多样性方面超越了上述两种编排形式，呈现出多元的视觉效果。如图2-10至图2-14所示，网页作品中退底图片在白色背景中显得干净与纯粹，在有色或其他背景中的对比强烈；单独退底图片彰显的直观与力度，多个退底图片编排的一气呵成、完整和谐等，均是退底图片编排多元视觉效果的精彩展现。

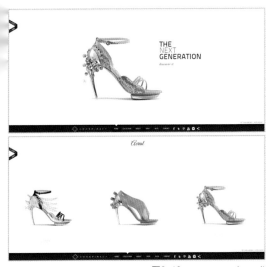

图2-10 www.conspiracy.it

图2-12 www.pro-foods.com

图2-11 www.weinberg.lv

图2-13 www.myownbike.de

图2-14 cneshop.chowsangsang.com周生生（Chow Sang Sang）官方网上珠宝店

（2）格式特点

不同的图片格式有不同的性质特点，在显示效果与具体用途方面也有所不同。但是需要明确的一个共同点是，网页设计的图片都是存储在计算机中，通过浏览器和电脑屏幕进行显示的，因此网页中使用的图片必须首先满足显示的基本需求。通常情况下，网页设计中常用的图片格式有GIF、JPEG、PNG和MNG这四种格式。

①GIF格式

GIF格式的全称是Graphics Interchange Format，中文译为"图像交换格式"。顾名思义，这种格式是用于网络上图形图像的交换与交流。20世纪80年代，美国一家著名的在线信息服务机构CompuServe针对当时的网络传输带宽对图片传输的限制，开发出了GIF这种图片格式。

GIF格式是一种无损压缩的图像文件格式，其优点是压缩比例高，磁盘空间占用较少，所以这种图像格式在网络上迅速得到了广泛的应用。同时，GIF格式的图形图像支持透明区域（Transparency）和交错模式（Interlaced），图像可以去除多余生硬的背景，使得显示效果不仅更加生动，还能更好地与网页中的其他元素融合在一起。早期的GIF格式只能简单地用来存储单幅静止图像（称为GIF87a），后来随着技术发展，GIF格式可以同时存储若干幅静止图像进而形成连续的动画，并且在文件中还能包含动画的播放延迟时间、播放顺序等动画参数，通过浏览器读取在网络上直接播放，GIF格式因此成了当前支持2D动画的主流文件格式之一，为与静态的GIF87a格式区别，动画GIF格式又称为GIF89a，是目前Internet上使用较广泛的彩色动画文件格式之一。

当然，除了上述的优点外，GIF格式也有它不可避免的缺点，就是只能保存最大8位色深的数码图像，所以它最多只能用256色来表现物体，对于色彩复杂的物体的显示就显得力不从心了。另外，GIF格式图像在不同系统中的显示效果是有差别的。尽管如此，却并不妨碍它在网络和网页设计中的大量使用，这和GIF格式图形文件小、下载速度快、可以使用许多具有同样大小的图像文件组成动画等优势是分不开的。

②JPEG格式

JPEG是一种常见的图像文件格式，它是由联合照片专家组（Joint Photographic Experts Group）开发并以此命名的图像文件格式，JPEG是该格式名称的缩写，其扩展名为.jpg或.jpeg。JPEG格式采用有损压缩方式来压缩图像文件，这种压缩方式以牺牲部分的图形图像信息来获取极高的压缩比，压缩比例越高，图像的质量越差。但是，JPEG格式这种压缩计算法是采用平衡像素之间的亮度色彩来压缩的，压缩的主要是图形图像中的高频信息，考虑到了人的视觉特性。因此，一般情况下只要图形图像的压缩比例设置得当，就不会让人明显感觉到压缩前后的差异。同时JPEG格式支持24位真彩色，对色彩的信息保留较好，普遍应用于带有连续色调的图像，因此JPEG格式更有利于表现带有渐变色彩且没有清晰轮廓的图像。

与GIF格式相比，JPEG格式也有类似于交错显示的渐进式显示模式，但其不支持透明区域的显示。目前各类浏览器均支持JPEG这种图像格式，因为JPEG格式的文件尺寸较小，下载速度快，所以它也就顺理成章地成为网络上最受欢迎的图像格式。

③PNG格式

PNG（Portable Network Graphics）是一种新兴的网络图像格式，中文名称译为"可携式网络图形图像"。在1994年底，由于Unysis公司宣布GIF格式拥有专利的压缩方法，要求开发GIF图形格式软件的作者须缴交一定费用，由此促使免费的PNG图像格式的诞生。1996年10月1日，国际网络联盟认可并推荐PNG格式，由此大部分绘图软件和浏览器开始支持PNG格式的图像浏览，目前不少网页都已经采用PNG格式的图形图像。

首先，PNG格式不仅能存储24位真彩图像和48位的超强色彩图像，还能把图像文件压缩到极限以利于网络传输，同时能保留所有与图像品质有关的信息，这是因为PNG格式是采用无损压缩方式来减少文件的大小，这一点与牺牲图像品质来换取高压缩率的JPEG格式是完全不同的。其次，PNG格式的显示速度很快，面对不同的系统显示的图形图像不会失真，且同样具备了GIF格式的交错显示模式，只需下载1/64的图像信息就可以显示出低分辨率的预览图像。再次，PNG格式同样支持透明图像的制作，GIF格式虽然也支持透明图像的制作，但是其透明的图形图像只有1与0的透明信息，即只有透明和不透明两种选择，缺少相应的层次表现；而PNG格式则提供了"α"频段0至255的透明信息，使图像的透明区域出现由深及浅的不同层次，可以完美地覆盖在任何背景图形上，弥补了GIF透明图形边缘粗糙的不足。另外，Macromedia公司开发（后为Adobe公司收购）的Fireworks软件的默认格式就是PNG。

PNG格式的缺点是不支持动画应用效果，如果在这方面能有所改善，几乎就可以完全替代GIF和JPEG格式了。PNG图形图像格式的开发人员已经意识到这一缺点，开发出了基于PNG格式的动画格式——MNG格式。

④ MNG格式

MNG是Multiple-Image Network Graphics（多重影像网络图形图像）的缩写，它的诞生是对PNG格式不能实现动画效果的完善。

与GIF89a动画格式相比，MNG格式有以下优点：第一，MNG格式采用以对象为基础的动画形式。该动画通过对象的移动、拷贝、粘贴来实现，从而减小了动画文件的尺寸，更有利于互联网的传输；第二，MNG对于复杂的动画采用了嵌套循环方式，加强了动画播放的流畅性；第三，MNG能够集合以PNG和JPEG为基础的图像，同时使用了比GIF格式更为优化的压缩格式，使得图形图像的质量更为优化；第四，MNG支持透明的JPEG格式。

但是，目前多数主流浏览器均不直接支持MNG，支持该格式的浏览器仅有Konqueror、Navigator、IE（需使用MNG4IE）等。现在，Corel公司的Paint Shop Pro的最新版本开始支持MNG格式，相信在不久的将来，MNG格式一定会获得更多浏览器和软件的支持，广泛地应用于网络平台与网页设计。

2. 文字

文字，人类用来记录语言的符号系统，是文明社会产生的标志。汉字的发展大致经历了结绳记事、伏羲文王画八卦、甲骨文、金文、钟鼎文、大篆、小篆、隶书、行书、草书、楷书等阶段。文字在早期都是以图画形式的象形文字存在，然而发展到今天，除汉字外，大多数都成了记录语音的表音文字。

文字，是网页信息内容表述和传递最直接的一种方式，在网页中占有非常大的比重。在网页设计中，文字的设计与使用主要分为两种类型，一种是文本文字，另一种是非文本文字，非文本文字的设计表现可以通过图片、动画或其他可用形式得以实现，文本文字的使用则需要遵守网页设计的相关使用规范。因此在本节中，主要阐述的是文本文字在网页设计中的相关使用规范，这包括文字的字体、字号与编排等内容。

（1）字体

文本文字，在网页中字体的选择与使用必须被限制在网页核心字体集合（又称Web安全字体）的范围之中，这个集合随着计算机技术的发展正在不断发展壮大，目前已有20种常用的英文字体，它们被默认安装在全世界约95%的电脑中，是网站文字信息内容字体的首选，可以实现CSS编写和无障碍显示，以下便是网页20种安全字体及其族科（font-family）名称的效果展示。（图2-15至图2-34）

Arial
abcdefghijklmiopqrstuvwxyz
ABCDEFGHIJKLMIOPQRSTUVWXYZ
1234567890.,(:!?*)

图2-15　Arial——font-family: Arial, Helvetica, sans-serif;

Arial Black
abcdefghijklmiopqrstuvwxyz
ABCDEFGHIJKLMIOPQRSTUVWXYZ
1234567890.,(:!?*)

图2-16　Aria Black——font-family: 'Arial Black', Gadget, sans-serif;

Arial Narrow
abcdefghijklmiopqrstuvwxyz
ABCDEFGHIJKLMIOPQRSTUVWXYZ
1234567890.,(:!?*)

图2-17　Aria Narrow——font-family: 'Arial Narrow', sans-serif;

Bookman Old Style
abcdefghijklmiopqrstuvwxyz
ABCDEFGHIJKLMIOPQRSTUVWXYZ
1234567890.,(:!?*)

图2-18　Bookman Old Style——font-family: 'Bookman Old Style', serif;

Comic Sans MS
abcdefghijklmiopqrstuvwxyz
ABCDEFGHIJKLMIOPQRSTUVWXYZ
1234567890.,(:!?*)

图2-19　Comic Sans MS——font-family: 'Comic Sans MS', cursive;

Courier New
abcdefghijklmiopqrstuvwxyz
ABCDEFGHIJKLMIOPQRSTUVWXYZ
1234567890.,(:!?*)

图2-20　Courier New——font-family: Courier New, monospace;

Garamond
abcdefghijklmiopqrstuvwxyz
ABCDEFGHIJKLMIOPQRSTUVWXYZ
1234567890.,(:!?*)

图2-21　Garamond——font-family: Garamond, serif;

Georgia
abcdefghijklmiopqrstuvwxyz
ABCDEFGHIJKLMIOPQRSTUVWXYZ
1234567890.,(:!?*)

图2-22　Georgia——font-family: Georgia, serif;

Impact
abcdefghijklmiopqrstuvwxyz
ABCDEFGHIJKLMIOPQRSTUVWXYZ
1234567890.,(:!?*)

图2-23　Impact——font-family: Impact, Charcoal, sans-serif;

Lucida Comsole
abcdefghijklmiopqrstuvwxyz
ABCDEFGHIJKLMIOPQRSTUVWXYZ
1234567890.,(:!?*)

图2-24　Lucida Console——font-family: 'Lucida Console', Monaco, monospace;

Lucida Sans Unicode
abcdefghijklmiopqrstuvwxyz
ABCDEFGHIJKLMIOPQRSTUVWXYZ
1234567890.,(:!?*)

图2-25　Lucida Sans Unicode——font-family: 'Lucida Sans Unicode', 'Lucida Grande', sans-serif;

MS Sans Serif
abcdefghijklmiopqrstuvwxyz
ABCDEFGHIJKLMIOPQRSTUVWXYZ
1234567890.,(:!?*)

图2-26　MS Sans Serif——font-family: 'MS Sans Serif', Geneva, sans-serif;

Palatino Linotype

abcdefghijklmiopqrstuvwxyz

ABCDEFGHIJKLMIOPQRSTUVWXYZ

1234567890.,(:!?*)

图2-27 Palatino Linotype——font-family: 'Palatino Linotype', 'Book Antiqua', Palatino, serif;

Σψμβολ

αβχδεφγηιφκλμιοπθρστυϖξψζ

ΑΒΧΔΕΦΓΗΙϑΚΛΜΙΟΠΘΡΣΤΥςΩΞΨΖ

1234567890.,(:!?*)

图2-28 Symbol——font-family: Symbol, sans-serif;

Tahoma

abcdefghijklmiopqrstuvwxyz

ABCDEFGHIJKLMIOPQRSTUVWXYZ

1234567890.,(:!?*)

图2-29 Tahoma——font-family: Tahoma, Geneva, sans-serif;

Times New Roman

abcdefghijklmiopqrstuvwxyz

ABCDEFGHIJKLMIOPQRSTUVWXYZ

1234567890.,(:!?*)

图2-30 Times New Roman——font-family: 'Times New Roman', Times, serif;

Trebuchet MS

abcdefghijklmiopqrstuvwxyz

ABCDEFGHIJKLMIOPQRSTUVWXYZ

1234567890.,(:!?*)

图2-31 Trebuchet MS——font-family: 'Trebuchet MS', Helvetica, sans-serif;

Verdana

abcdefghijklmiopqrstuvwxyz

ABCDEFGHIJKLMIOPQRSTUVWXYZ

1234567890.,(:!?*)

图2-32 Verdana——font-family: Verdana, Geneva, sans-serif;

图2-33 Webdings——font-family: Webdings, sans-serif;

图2-34 Wingdings——font-family: Wingdings, 'Zapf Dingbats', sans-serif;

除了英文核心字体之外，在目前的Windows中文操作系统中，默认安装的网页中文核心字体有宋体、新宋体、黑体、楷体、仿宋、隶书、幼圆、微软雅黑等。其中，宋体是一种非常典型的serif字体，其衬线装饰的特征非常明显，而黑体、幼圆、微软雅黑则属于sans-serif字体，风格简约而现代。随着计算机操作系统的不断发展完善，网页设计艺术与字体设计艺术的不断发展创新，相信会有更多的中文字体不断加入到网页核心字体的队伍中，进一步丰富中文网页的设计与制作。

（2）字号与编排

不同字体的字号选择，间距与行距的设置在网页设计中同样重要，笔画的粗细、浓淡与像素的大小是网页字体在客户端正常显示与优化表现的关键。网页字体的编排方式主要包括间距、行距、对齐方式等设置，可根据网页版式设计的原理进行编排设计，在技术方面则可通过CSS技术对字体进行编排与控制，力求达到统一和谐的文字编排效果。

在网页中，如果没有明确地为文字指定字号数值，大部分浏览器会把网页文字默认显示为16px（像素）[①]。但是，这个16px的默认值对于网页大部分文字信息内容的编排与显示来说是不合适的，正文信息部分的字体大小通常在9px～14px之间，这时就需要综合考虑主流屏幕分辨率以及屏幕到人眼的距离、同一字体在不同显示器中的大小比例、不同字体的笔画粗细浓度等因素来设置字号，例如宋体的正文最佳显示字号是12px；而标题及其他字体内容则需根据实际需求进行设定。

① px（像素）：这是网页字体大小所使用的相对单位，同样的还有em和%（百分比）。px（像素）是与显示器的分辨率所关联的，显示器分辨率越高，字体的像素密度越大，通常也就意味着字体在视觉上会显得更小更细腻。另外，常见的em是通过使用的字体的大小来定义的度量单位，它的值一般是文本元素大小的倍数。例如，浏览器默认的字体大小是16px，那么1em就等于16px；如果字体大小为12px，那么2em就等于24px，依此类推。除此之外，%（百分比）这个单位的使用也类似于em。

（二）静态设计的软件工具

在对网页设计中的静态媒体及其特点有了一个较为全面的了解之后，需要关注与掌握其相关设计制作的软件工具及其性质特点，在设计工作中做到胸有成竹、游刃有余。

1. Photoshop

Photoshop，是Adobe公司旗下最为著名的图像处理与设计制作软件，具有集图像输入、编辑修改、设计表现、动画制作、输出打印于一体的强大功能，其应用范围涉及图像、图形、文字、视频、动画、3D等方面，广泛应用于各设计领域。自1990年2月Photoshop1.0.7版本的正式发行，到2003年10月发布的Photoshop CS系列，再到2013年7月推出的最新系列Photoshop CC，Adobe Photoshop经历了由量到质的转变历程，成了在图形图像领域的软件工具翘楚。

目前在网页设计领域，Photoshop是主流的网页静态媒体设计制作与界面设计制作的软件工具，分别支持与兼容Windows操作系统和Mac OS操作系统。（图2-35、图2-36）

2. Illustrator

Adobe Illustrator，是全球最著名的矢量图形软件，以其强大的功能和体贴的用户界面享誉全球，广泛应用于印刷出版、插画绘制、多媒体图像处理与网页设计等领域。其版本开发与Photoshop同步，在2012年Adobe公司发行Adobe Illustrator CS6之后，于2013年发布现今的最新版本Adobe Illustrator CC。该版本增加了CC系列的全新可变宽度笔触与多个画板、触摸式创意工具等新功能，使Illustrator更加能满足网页界面设计与静态媒体制作的各项需求。（图2-37）

图2-35 Adobe Photoshop图标（截止至CS系列）

图2-36 Adobe Photoshop CC版本图标

图2-37 Adobe Illustrator CC版本启动界面

3. CorelDRAW

CorelDRAW，是加拿大Corel公司开发的著名矢量图形绘制软件，这个软件主要提供矢量插图绘制、版面布局、位图编辑等功能。随着软件发展多元化的趋势，2014年发布的CorelDRAW X7版本增加了可完全自定义的界面、有趣的移动应用程序、特殊效果与高级照片编辑等功能，成为网页图形绘制、页面布局设计的重要软件工具之一。除此之外，Corel公司开发的Painter、Adobe公司旗下的Freehand等与CorelDRAW功能相似的绘图软件也新增了不少有助于网页界面设计与静态媒体制作的功能，可根据设计需要灵活使用。（图2-38）

图2-38 CorelDRAW X7版本图标

二、会声会影——网页的动态交汇

如果说秀外慧中的网页静态表现是不可或缺的，那会声会影的网页动态交汇则是无法替代的。网页，利用先进的技术工具将各类动态媒体元素集于一身，超越各类传播媒介将信息的多元传递发挥到了极致。花哨浮夸的网页界面永远不是我们设计工作追求的宗旨，在网页的动态交汇设计中追求每时每刻的完美与精彩体验，才是我们坚持不懈的动力。

（一）动态媒体元素

1. 动画

（1）SWF动画

SWF动画，是由Flash软件制作的，一种可以将声音、视频、动画与图形等融合在一起的，能够实现即时的人机交互的网络动画形式。SWF动画同时具备传输速度快、播放兼容性强等特点，所以被广泛地应用在各种类型的网页中。SWF动画必须用Adobe Flash Player软件打开，因此浏览器必须安装相关插件才能浏览，无须担心的是，现在95%以上的浏览器都带有Adobe Flash Player插件，所以网页中的SWF动画大部分均可正常浏览。

（2）GIF动画

GIF动画是一种制作简单的动画形式，其动画原理是：将多个静态图像数据存储到一个GIF89a图片文件中，逐幅读出并显示到屏幕上，就构成了GIF动画。但归根结底，GIF动画仍然是一种图片文件格式，因此，在网页中使用GIF动画的方法同使用GIF图片的方法是相同的。

2. 视听元素

（1）音频

不同于图片、文字这样的单纯视觉媒体，声音这种听觉媒体的加入更加强化了网页的传播力与影响力。背景音乐的娓娓道来、各种配音与声效的高低起伏，都是网页设计不可或缺的重要动态媒体元素。

在网页中可以使用的声音主要有WAV、MP3、MIDI、AIF四种常用格式，不同的音频格式具有不同的制作特点和音质效果，但均能为绝大多数浏览器所识别而广泛使用于网页中。

（2）视频

数字视频处理技术的蓬勃发展使得大量的视频文件可以在网页中使用并用于浏览器播放。在视频文件中，有FLV、WMV、ASF、MPG、MOV、AVI、MP4等格式可以为网络使用，不同的视频格式具有不同的体积大小和音画质效果，在网络上的传输速度也不尽相同。其中，FLV格式就是随着Flash MX的推出发展而来的新兴视频格式，其全称为Flash Video，具有形成的文件小、加载的速度快等特点，所以目前大部分在线视频网站均采用该视频格式。另外，WMV也是一种被广泛使用的视频格式，它是微软推出的一种流媒体格式，是对ASF（Advanced Stream Format）格式的升级延伸。在同等质量效果的视频中，WMV格式的体积更小，因此非常适合网页使用与网络传输。

3. 动态技效

除上述动画、视听元素等动态媒体元素之外，网页中经常还使用一些为网页增色、增效的网页动态技术与效果，主要包括有动态按钮、可控图标、活动菜单、动态网页特效等；还有如近年来开始被广泛使用在网页中的3D特效与虚拟现实技术等高新科技，这些动态技效的发展与使用不断丰富着网页的信息传播与形式表现。

（二）动态设计的软件工具

动态元素是网页设计中不可或缺的重要组成部分，是活跃页面效果、增强网页交互性的基本手段。因此，在了解了动态媒体元素的基础上还必须了解动态元素设计制作的软件工具及制作要点。

1. Flash

Flash，原本由Macromedia公司推出，后被Adobe公司所收购，应网页动态效果设计多样化的需求而产生的简单直观且功能强大的集动画、多媒体内容创建与应用程序开发于一身的软件工具，到目前为止的最新版本为2013年推出Adobe Flash Professional CC。Adobe Flash Professional CC为创建矢量动画、交互式网站、桌面应用程序以及手机应用程序开发

提供了功能全面的创作和编辑环境。即使是最简单的动画，都可添加动画、视频、声音、图片与特殊效果，构建包含丰富媒体的动画与应用程序。因此，Flash成为当前网页动画与动态设计制作最为流行的软件之一。（图2-39）

2. Fireworks

Fireworks，是Macromedia公司开发的一款专为网页图形与动画设计制作的编辑软件，后同Flash一样被Adobe公司收购，最终版本为Fireworks CS6。Fireworks不仅能够轻松制作GIF动画，还可以设计制作动态按钮、变换图像、弹出菜单等网页动态特效。但是，由于和Photoshop、Illustrator、Edge Reflow之间在功能上有较多雷同，Adobe公司宣布，Fireworks不会出现在CC家族系列中，这意味着"网页三剑客"的时代将随着Fireworks的终结而结束。2013年，Adobe公司正式发

图2-39 Adobe Flash CC版本图标

图2-40 Adobe Fireworks CS6启动界面

布了CC家族的设计软件产品，它们包括：Photoshop CC、InDesign CC、Illustrator CC、Dreamweaver CC、Premiere Pro CC等，开启了Creative Cloud（CC）全新系列设计软件应用与服务的新时代，网页的设计与制作将进入一个崭新的发展时期。（图2-40）

3. Ulead GIF Animator

Ulead GIF Animator是一款功能强大的动画GIF制作软件，由台湾Ulead Systems.Inc 创作发布。该软件自带许多现成的动画特效，供设计师使用的同时还能优化动画GIF图片，使其得到更好的网络浏览效果与速度；此外，Ulead GIF Animator的另一项特色功能是可将AVI视频文件转成动画GIF文件。

4. 其他软件

除上述三款常用的网页动画与多媒体制作软件以外，还有以Adobe Premiere与After Effects为代表的专业视频制作与后期处理软件，其工作原理是将图片、音乐、视频等素材经过非线性编辑后，通过二次编码生成视频文件。除了视频合成功能，视频制作软件通常还具有添加转场特效、字幕特效、文字注释等功能，也是网页多媒体内容制作不可或缺的软件工具。

三、各司其职——网页的制作整合

在静态元素与动态媒体的设计与制作工作完成之后，就需要开始网页的制作与整合工作。在这个过程中，组成网页的各部分需要在相关软件技术的引导安排下，各司其职、有条不紊地完成网页制作与整合的全部工作。

（一）网页制作与媒体整合

1. 网页制作

在这个工作中，首先要完成的是网页的制作。将已经设计完成的网页界面，利用相关软件工具与制作技术构建成为可用的网页结构框架，这个过程叫作网页制作。该过程的特点是科学、严谨、精确，要求完整再现网页界面的版式结构、色彩基调与风格气质，同时具备网页架构的可行性、媒体添加的兼容性与交互设置的平台性三个基础条件，这是网页制作需要把握的重要原则与制作标准。

2. 媒体整合

媒体整合，是继网页制作之后的另一项重要工作，是指将承载网页信息内容与设计表现的各媒体元素通过不同的方式添加到已经构建好的网页结构框架中，使网页成为真正可视、可听、可互动的多媒体信息传播与多元交互的平台。

（二）网页制作与媒体整合的软件工具

网页制作与媒体整合的软件工具，当前功能最强大、最流行的软件是Adobe公司的Dreamweaver。当然，不同的网页制作需求也需要不同的软件工具来完成。

1. Dreamweaver

Dreamweaver，原是美国Macromedia公司开发的集网页制作和网站管理于一身的网页编辑器，后被Adobe公司所收购，现在是一款针对专业网页设计师利用"所见即所得"原理特别研发的视觉化网页制作工具，可以轻而易举地制作出跨越平台限制与浏览器限制的多媒体动感网页。Dreamweaver 1.0由Macromedia公司发布于1997年12月，到今天为止，最新版本是由Adobe公司在2013年发布的Dreamweaver CC，它具备了网页的制作效率高、格式控制能力强等特点，是今天网页制作与媒体整合的首选软件工具。（图2-41）

图2-41 Adobe Dreamweaver CC启动界面

2.其他跟网页制作的相关软件

其他跟网页制作相关的软件还有Microsoft FrontPage（停止开发），Microsoft Expression Web Designer（Microsoft FrontPage 的继任者，它更偏重于网页的开发）。Adobe公司开发的Adobe Golive本是专业的网页设计软件，它更偏重于页面设计，但由于它不支持AJAX和CSS，所以被Dreamweaver所替代是大势所趋，故此Adobe公司于2008年停止开发该软件，只提供相关技术支持。

四、无懈可击——网页的效果展示

在网页的制作与媒体的整合这两项工作完成以后，就需要对网页进行测试，确保网页在客户端显示效果的准确无误。网页测试使用的主要工具是各类浏览器。浏览器的本质是一种用于显示网页文件，实现用户与网页文件进行互动的一种能够独立存在于各类系统之中的软件工具与交互平台。

随着信息技术的发展，作为互联网入口的网页浏览器的市场竞争非常激烈，目前主流的浏览器主要有：以对网页兼容性最强著称的IE浏览器；以一流的浏览速度占据目前市场份额第一的高端浏览器Google；2013年市场占有率第三的开源网页浏览器Mozilla Firefox（火狐浏览器）；功能全面、智能安全且速度优越的搜狗浏览器；依靠百度超级平台资源创建的创新型浏览器——百度浏览器；号称安全防护与极速兼容并重的猎豹浏览器；一款采用Trident和Webkit双引擎的腾讯浏览器；基于IE内核且插件更丰富的傲游双核浏览器；Opera Software ASA公司开发的快速、小巧和拥有更佳的标准兼容性的网页浏览器Opera等。浏览器的发展不仅极大地提高了用户访问网页的速度与操作的效率，更是完整而无懈可击地将网页的多元精彩展现得淋漓尽致。今天，随着移动互联网平台的高速发展，移动客户端浏览器也随之发展得如火如荼，其中百度与搜狗是移动客户端浏览器中的"俊彦"。

（一）效果展示平台

浏览器，一种通过网页协议从服务器获取并显示网页的客户端程序软件。大部分浏览器不仅能够兼容除了HTML之外的其他文件格式，还能够扩展支持众多的插件，因此，浏览器能够获取并显示网页中的图片、动画、视频、声音、动态技效等多媒体内容，是网页效果的显示与浏览平台。

（二）技术测试工具

在显示网页效果的同时，浏览器还承担着另一项重要的工作——网页技术测试，网页结构的完整性、媒体显示的兼容性、链接指向的准确性等，均需要使用浏览器进行全面的测试。另外，由于不同的浏览器所支持标识和语法的不同，所以对于网页中某些媒体与组件的显示效果会有所不同，必须利用多种主流浏览器进行测试以确保网页在不同客户端的浏览环境中获得完整无误的显示效果。

第三节 前沿聚焦——网页设计的技术变迁

发展与变化，网络信息时代的一个永恒话题，新与旧、长与短、快与慢，只是转瞬之间，网页技术的变迁便是如此。换言之，任何技术类型的发展都有其必须遵循的发展规律与趋势，因此，我们要聚焦前沿，以具有前瞻性与开拓性的目光来探索与分析其发展动向。综合来说，网页设计的技术变迁包括：软件工具、媒体技术、显示平台与操作功能四大方面的变化发展。在信息时代的前提下，在互联网与计算机技术大发展的趋势下，网页技术的发展与进步将为网页设计输送更多新鲜的血液，促进网页设计的创新与更始。

一、多元专业的软件工具开发

2013年5月，Adobe公司宣布，将停止对原"网页三剑客"之一的，用于网页界面设计、网页图形与动画设计的软件工具Fireworks的开发，其原因是Fireworks与Photoshop、Illustrator等相关设计软件有太多相似功能。然而就是在几年前，Fireworks还是网页设计师必须学习和掌握的网页设计的重要软件工具之一。Microsoft FrontPage出现了新的继任者，Adobe Golive的停止开发与使用，Dreamweaver成为网页制作开发的主流软件工具，这些网页设计软件工具在发展与变迁过程中出现的诸如此类的现象，表明了软件工具的开发正向一个多元专业的趋势发展。首先，基于学科交叉的影响与网页设计技术和艺术并重的发展趋势，更多的设计软件如Photoshop、Illustrator、CorelDRAW等都增加或完善了在网页设计与制作方面的功能，体现了软件工具的多元发展。另一个方面，在研发企业的不断努力下，网页设计软件工具原有功能的完善与新功能的出现，以及更多基于人性化操作的设计功能的加入，都无不彰显出软件工具正向着专业化的方向发展。

二、全面交融的媒体技术发展

媒体技术，是信息时代技术发展的重要产物，具备信息传递的动态性、集成性与互动性。多媒体技术的使用是网页多元信息传递的一个重要特征，随着时代的进步与技术的发展，网页中的媒体技术正向着交融全面的方向前进，越来越多的新媒体和新技术的加入，拓展了信息传递的手段与方式；媒体技术之间的交叉互补，共同作用，则丰富了用户信息采集与获取的渠道。可以预见，Web2.0及以后时代的媒体技术的发展将会超出仅是聚焦纯粹技术发展的范畴，以人为本的核心思想也将深深地烙印在媒体技术发展的脉络中。强调媒体技术发展的交融全面与人性关怀，满足不同用户群体的使用需求，促进信息传递的多维、全面与效率，彰显信息技术发展引领时代前进的光芒与卓越。

三、卓越兼容的显示平台优化

无论是秀外慧中的网页静态形式、还是会声会影的网页动态效果，都必须依赖一个优秀的网页显示平台才能得到真正的飞跃。1993年，互联网历史上第一个面向普通用户的能够识别与显示图形的浏览器NCSA Mosaic发布，使得网页的面貌从此焕然一新。虽然Mosaic只有3个版本，并在1997年停止了前进的脚步，但是却对此后的网页浏览器产生了深远的影响，成为之后浏览器研发的标准之一。今天，网页浏览器以卓越的性能标准与兼容的平台标准作为发展的目标和趋势。第一，运行速度快捷、功能设置多元、效果显示准确、信息加载与读取迅速、交互与操作便捷等特点是当代浏览器研发的重要标准，更是浏览器在激烈的市场竞争中立于不败之地的基础；第二，浏览器能够识别显示更多的媒体文件类型，支持扩展更多的媒体技术程序与插件，相关配套产品多元、实用，是浏览器作为网页显示平台，为更多不同需求的用户所使用的另一个重要的标准。

四、智能安全的操作功能要求

网络盗窃、黑客入侵，是网络信息时代的黑暗边界，严重侵害了用户的网络安全。因此，智能安全成了网页与其显示平台的另一重要标准与趋势。首先，在网页的制作过程中，基于网络安全的考虑，大部分网页都会添加各种安全措施与防护手段，最大限度地保护用户的上网安全。同时，在安全的基础上，网页几乎都设置有智能操作功能，例如智能搜索、智能记忆与筛选、智能帮助等，能即时帮助用户简化操作程序，提高上网效率。其次，在网页显示平台方面，几乎所有浏览器在用户上网时都能够提供隐私保护、广告过滤、网站筛选与阻截等保护用户上网安全的相关功能，实现真正无拘无束的网络畅游。另外，能够根据用户习惯收藏相关网页的自动网页收藏夹、独立网页视频播放、多窗口网页浏览、鼠标手势支持、触控体验反馈等给用户提供便捷的智能操作功能已经在很多的浏览器中得以实现，成为广大用户便捷浏览网页、高效获取信息资源的最佳助手。

时光荏苒，网页技术总是处于飞速变化与永恒发展的过程中。把握潮流、甄别趋势，是我们拨开迷雾，洞悉网页技术发展变化的先机与掌握核心的关键。多元与专业、交融与全面、卓越与兼容、智能与安全，是对网页技术发展变迁的一个全面亦片面、深刻亦肤浅的概括，在时光飞逝的洪流中，无法做到完全的准确与绝对的恒定，只希望有鉴于此，与诸位共勉之。

第三章
元素碰撞、设计创新

074

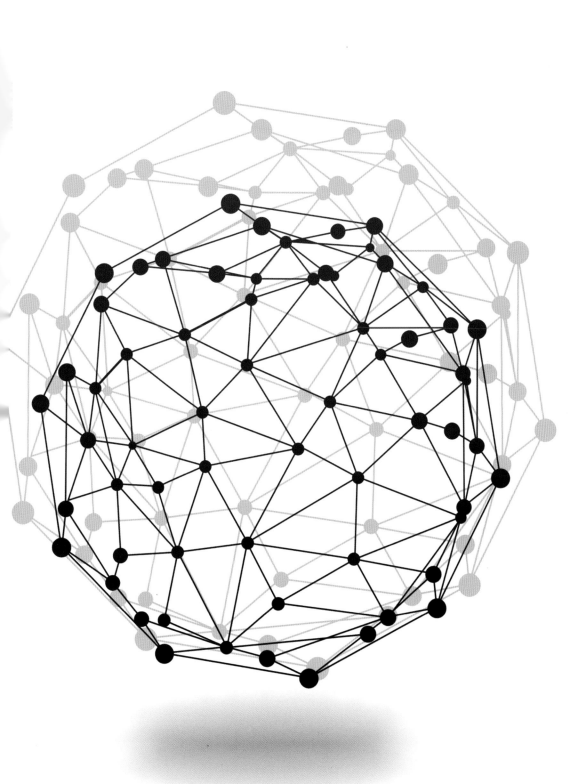

网页设计，今天设计世界中更新最快、变化最多的主流设计平台之一。在这个平台中，制作与展示技术的与时俱进，艺术与设计表现的推陈出新，让我们时而洒脱奔跑在浓墨重彩之中，时而信步游走在优雅恬淡之内；时而品味高雅奢华，时而释读简洁朴素；时而高歌共鸣，时而低唱共吟；时而据实而言，时而含蓄而行……一次次迷醉在这网页的饕餮盛宴之中。网页设计，同其他设计艺术一样，也是一个在元素的碰撞中获得创新的表现过程。简言之，信息技术与设计艺术的发展使得网页的变化日新月异，计算机与网络技术是网页形式表现的内在核心，视觉艺术设计的原则与理论则是网页设计创新的精神指导。因此，网页设计应紧跟时代、围绕需求，设计一个美好的、令人向往的开始，一个拥有美好印象的交流的开始。

元素碰撞的动力，设计创新的变革，是网页设计革故鼎新的根本。因此，拥有一套富有洞察力与分析力的设计方法，以敏锐的目光与批判的态度，从思考与交流开始，这是网页设计工作的基础。

第一节 视角转换——网页设计再定义

花哨浮夸的屏幕早已不是网页设计之所求，随着时代的发展、技术的进步与需求的转变，网页设计也有了新的设计标准。独特的风格气质、精良的设计表现、愉悦的视觉感受、良好的互动体验，是时代、是用户给网页设计提出的新要求。那么，在这个几年前几乎没有人可以想象到的设计平台上，究竟应该遵循什么样的标准，什么样的规则才能给今天的网页设计提交一份满意的答卷呢？

在网页设计开始之前，对于网页设计的定义和解释，也不应该再故步自封、因循守旧，这与网页设计紧扣时代发展的脉络、以技术进步与艺术变革为发展动力的宗旨是相背离的，也违反了网页设计作为设计艺术的发展精神。所以，我们要转换视角，以批判和发展的眼光重新审视、重新定义网页设计，不是一成不变，而是开拓进取；不是滴水不漏，而是一语中的……

那么，什么是网页设计呢？网页设计，视觉传达艺术设计家族的重要组成部分。网页设计以需求为根本、以功能为核心、以艺术为表现，围绕网页项目的设计主题，依靠计算机技术与视觉艺术之间的相互交融、共同作用，呈现一页页功能设置全面、形式表现艺术、操作使用人性的网页界面。互联网与计算机技术，是网页设计产生与发展的基础，具备理性与直观性的特点；时代审美思潮与设计艺术理论，则是感性的、多元的，用于塑造网页的形式与神韵，表达网页的精神与气质。

在网页设计中，须以网页的内容为核心，遵循设计艺术的规律与方法，形成鲜明统一的主题风格诉求与个性彰显的形式外观表现。同时，把握网页设计与其他相关设计艺术门类的联系与区别，通晓网页设计与相关设计学科之间的承续性与交叉性，将连贯网页设计工作的始终。

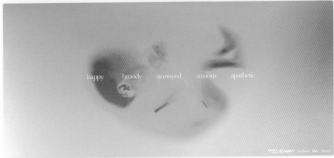

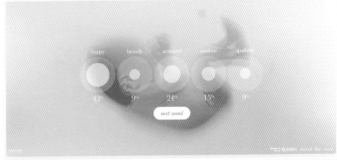

图3-1是一个关于声音情绪表达的网页，网页使用过滤引擎技术给用户倾听不同的声音，让用户通过倾听声音来判断声音所反映的情绪并进行选择，在选择之后给出相应的数据让用户参考比较。在视觉表现方面，使用产生声音的对象作为每个页面的视觉主题，用朦胧梦幻、若隐若现的独特图形表现突出网页关于声音表达的主题诉求，让每一位用户都能如临其境、深入其中……

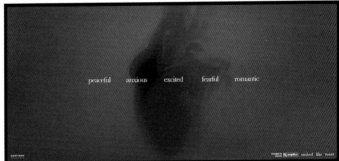

图3-1 www.amplifon.co.uk/emotions-of-sound.html

第二节 形式塑造——网页设计的组成

形式，网页存在的基础，是网页风格与气质的外在表现。网页设计，是塑造网页形式与外观的唯一途径，主要由网页的结构设计与网页的界面设计两部分组成。据不完全统计，用户停留网页的时间长短与是否决定继续访问，很大程度取决于对网页的视觉印象。因此，在极短的时间之内，网页是否能给用户留下良好的视觉印象，极为依赖于网页的界面形式与气质风格。

一、框架构建——网页的结构设计

（一）网页结构概述

网页结构，是指网页作为网站的信息单元载体相互之间的组织关系构架。完整的网站页面主要由欢迎页、首页与各级分支页组成，其中首页与分支页是网站组成的必需部分。网页结构设计的目的主要有两方面，首先是创建一个规划准确、条理清晰的网页框架结构，使网页的信息内容能够得到统一有序的规整和编列，便于当前信息的组织与以后信息的添加；其次，从用户的角度来看，完善的网页结构能够使用户更为便捷地找到所需要的页面与信息，明确自己所访问的站点位置，同时，用户能够通过网页导航链接在网站页面之间进行迅速跳转，形成一系列完整而高效的网页访问流程。简而言之，优秀的网页结构设计可以使网页的浏览达到最高的效率。

网站的多维空间特性决定了网页结构关系的复杂性和多层次性，不同类别的网页信息内容不同，浏览方式不同，需结合上述特点设计出既符合网页形式与内容需求，又满足人性化浏览需求的网页结构。

（二）网页结构设计

目前，主流的网页结构主要包括有两种：树形结构与星形结构。两种结构形式各有所长，需要根据网页信息内容与用户浏览需求进行规划设计，确保信息结构的条理清晰与浏览互动的高效便捷。在栏目较多、内容复杂的网页中，通常可以在首页和一级页面，或二级页面之间使用星形结构，在二级和三级及以下级页面中使用树形结构，这种网页结构设计很好地兼具了两种网页结构的优势，是当前常用的一种网页结构的设计方式。

1. 树形结构

树形结构，由于其形式类似于树枝由主到次、从粗到细的结构形式而得名。树形结构的网页从首页开始指向一级页面，一级页面指向二级页面，二级页面指向三级页面，诸如此类。这样的结构形式使得页面间的层次关系井然有序、条理清晰，用户也可以明确知道自己所处的位置，不会迷失浏览方向。因此，这些特点决定了树形结构是网页设计中运用最广泛的网页结构，几乎所有的网页都在使用这种结构形式。但是，树形结构也有它不可避免的缺点存在，即如果想要从一个栏目的子页面跳转到另一个栏目的子页面则必须经过首页，这样就降低了浏览的效率。

2. 星形结构

星形结构是指在页面之间相互建立链接枢纽，让所有页面都通过链接枢纽形成链接关系，并列存在。其中，首页通常作为页面的中心枢纽，以发散嵌套的形式链接所有页面，类似于网络服务器的结构形式。星形结构的每个页面之间都建立有链接，这样可以使用户无须回到首页链接便可随即切换到自己想看的页面，极大地提高了浏览的效率。然而，星形结构的缺点是如果在信息量大的网页中使用会导致链接设置太多，用户在浏览过程中容易迷失方向，无法准确知道所处的访问位置，因此，通常在信息内容少，栏目层次简单的页面中才可完全使用星形结构。

从上述内容可以看出，不同类型的网页应该有不同的结构形式，需要结合网页的类型、信息内容的多少与树形、星形两种网页结构的特点进行细致、完善、准确的网页结构设计，提供高效的网页浏览效率，同时为网页的界面设计形成一个完善的框架基础。

二、视觉表述——网页的界面设计

（一）网页界面概述

网页界面，又称网页用户界面，是指由设计师设计以后的，通过浏览器读取与显示的网页的视觉表现形态。进一步说，界面是网页的外在表现形式，是设计师赋予网页的新面孔。网页界面不仅担负起了网页的信息传递、形象塑造、情感表达等重要功能，更是用户与网页之间实现多元互动的唯一媒介，其重要性不言而喻。因此，优秀的界面形式不仅能提升网页的关注度、充分体现网页的气质特点，还能使网页的操作变得简单、舒适与人性化。

网页界面的设计是计算机科学与设计艺术学、心理学、认知学等相关学科的交叉研究领域，具有应用的可行性与学术的前沿性。近年来，随着网络信息技术与计算机技术的迅速发展，以网页、软件等界面为主的人机界面的设计与开发已成为计算机科学界和设计科学界前景开阔、气氛活跃的研究方向。因此，在今天网络信息时代的大环境下，以用户需求为中心的前提下，网页的界面设计应该具备以功能的实现为基础、以环境的适应为条件、以视觉的

审美为重点、以情感的抒发为要求的四个重要特点。其次，从界面的组成结构来看，网页界面主要由网页形象、网页导航与网页图标三个部分组成。

1. 网页形象

网页形象，是指存在于欢迎页、首页与各分支页中的关于网页主题形象的设计区域，由标志形象、图片形象或其他形象单独构成或组合构成。在网页界面中，网页形象的作用非比寻常，良好的网页形象设计是传递网页信息，建立网页与用户之间的信任感，增强网页点击率的重要手段。

在设计中，欢迎页是网页形象设计与展示的重要平台，它位于首页之前，作用是以一个友好、信任的形象界面建立与用户之间初步的视觉联系，建立首次印象并诱导用户进一步访问网页，因此须将网页主题以直观、明确、有别于他人的视觉形象进行展现，同时配合设计相应的动态表现，营造网页独一无二的个性形象与气质氛围。在首页与分支页中，根据网页版式布局的不同，形象板块的位置编排也会有所不同，但必须将其置于用户视线最易捕捉到的网页界面的最佳视域，形成页面的视觉中心点以及与其他页面元素和谐共存的页面层次关系。如图3-1至图3-8，图3-2cordoba动物园网页使用标志形象与图片形象的组合而成的简洁直白的形象设计，结合动漫卡通的表现手法，营造栩栩如生的动物园网页形象。

图3-2 www.zoo-cordoba.com.ar——欢迎页

图3-3 www.ar2design.com——欢迎页

图3-4 www.ar2design.com——首页

图3-5 www.ar2design.com——分支页

图3-6 电影《赵氏孤儿》——欢迎页

图3-7 winestore-online.com——首页

图3-8 winestore-online.com——分支页

2. 网页导航

网页导航，是网页界面设计不可或缺的重要部分，无论你访问什么网页，都会遇到各种各样的网页导航，这些网页导航通过一定的技术手段，为访问者提供多样的访问途径，便于访问者便捷地寻找到相应的内容。

网页导航，贯穿整个网站完整的网页指示系统，它是表达页面与页面之间、页面与内容之间的逻辑关系的唯一手段，是网页结构设计的外在形式表现；同时，网页导航还是展示网页规模、信息储备、浏览方式的基础运作系统。因此，一个科学而完整的网页导航系统设计应该包括有：全站导航、局部导航、辅助导航、上下文导航与友情导航等组成部分。

（1）全站导航

通常编排在页面的最佳视域，大多数时候会同网页形象一起作为整个网页的视觉中心点出现。全站导航一般以静态或动态图片、图文结合或Flash动画的菜单或栏目链接的形式出现，体现的是整个网站最主要的核心内容。

（2）局部导航

在全站导航的基础上，提供一个树形结构方式，帮助用户更加深入地浏览网页信息。局部导航通常也是以静态或动态图片、图文结合或Flash动画的栏目链接的形式出现，在编排层次上仅次于全站导航。

（3）辅助导航

提供一些全站导航和局部导航不能快速到达的、较为重要的内容的快捷访问途径，多以各种设计精美的静态或动态图标的形式出现，起到突出与点缀视觉效果的作用。

（4）上下文导航

用于帮助用户以翻阅的形式访问一些包含多个页面的内容项目，该导航类型一般以文本和数字链接形式出现。

（5）友情导航

主要是用于一些用户较少使用的信息内容，这些导航在用户需要的时候能够提供快速有效的帮助，例如在线帮助、联系信息等，基本以简洁的文字链接的形式出现。

优秀的网页导航设计应该具备功能性与科学性、实用性与灵活性、艺术性与趣味性三个重要特征。第一，网页导航设计的功能性与科学性体现在网页作为信息传播的媒体平台，一个功能全面、设置科学的网页导航系统是满足网页信息编列、传递、储备的运作需求的重要基础；第二，实用性与灵活性主要是指用户对于网页导航的操作与使用需求，在用户访问网页的过程中，网页导航操作的实用性与使用的灵活性将最大限度地提高用户的访问效率；第三，除了上述特点外，今天的网页导航还需要具备形式的艺术性与表现的趣味性，网页导航设计是网页整体风格与形式构建不可或缺的重要部分，因此，富有审美艺术性的导航形式设计、寓趣味于变化之中的指令变化表现均是网页导航设计的重点。最后，对于网页导航设计需求的主次把握，我们应该遵循功能与艺术、实用与审美相结合的原则，不可牺牲网页导航的功能性而一味追求复杂变化的审美形式，因为一个变化过于繁复的导航动画所花费的传输和显示时间很快会将访问者的耐性消磨殆尽。另外，统一与变化、突出与服从是网页导航设计与网页整体设计之间的关系原则。（图3-9至图3-13）

图3-9 设计独特的网页导航

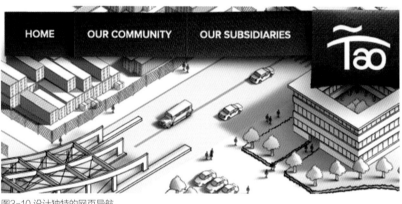

图3-10 设计独特的网页导航

图3-11 设计独特的网页导航

图3-12 www.ml-best.com——设计独特的网页导航

图3-13 ikea.event2.tw（宜家家居）——设计独特的网页导航

3. 网页图标

图标，在今天主要是指具有标识性质与功能作用的计算机图形，分为软件图标与功能图标两大类。在网页中使用的是图标的第二种类型，存在于各种界面的功能图标。界面功能图标是一种小型可视控件，其功能主要是以提示引导的形式让用户快速执行某种命令或打开相关网页。除此之外，图标还具有开关切换、信号模式与状态指示等作用。

随着时代的发展与技术的进步和用户审美水平的不断提高，图标的形式美越来越受到重视。除了功能的作用，图标还是网页导航设计的一种重要表现形式，是网页界面形式美不可或缺的重要组成部分。网页中的图标主要是由静态图片或动态对象构成，须具有较强的识别与指示功能，在设计中应该把握以下设计原则：首先，图标的设计除了要考虑其静态形式外，还要考虑其在鼠标指令下的变化形式，如外观变化、大小变化、位置变化、色彩变化等，在动态图标的设计中还需要斟酌图标的过程变化；其次，图标的形式设计一定要与网站的整体风格相匹配，既要具备形式的独特性与注目性，又要与页面保持协调统一的设计层次关系。（图3-14至图3-17）

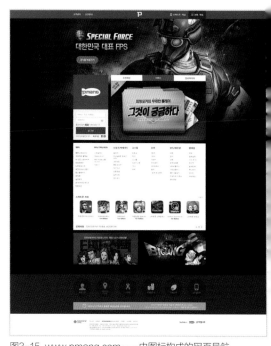

图3-15 www.pmang.com——由图标构成的网页导航

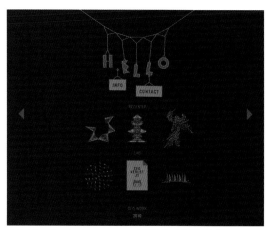

图3-16 mike-tucker.com——由图标构成的网页导航

图3-17 www.easonchan.net——由图标构成的网页导航

图3-14 www.artandcode.eu——由图标构成的网页导航

（二）网页界面设计

网页界面设计，是网页设计师依托计算机技术与视觉传达设计理论针对网页界面所实施的一系列设计过程。这个过程包括形象识别、尺寸规格、版式布局、色彩运用与元素联想这五个相辅相成、不可分割的设计环节，五个环节共同作用，营造充满艺术审美气息的网页界面。随着时代的发展，网页从早期的技术功能平台逐渐发展成了一个设计艺术舞台，网页设计师们在这个舞台上不断地进行着各种元素碰撞与设计创新，坦然地面对时代发展与技术进步所带来的各种挑战，促进网页设计一如既往地向前发展，永不停滞。

1. 形象识别

网页，作为企业与商家形象塑造与信息传播的门户，首先，必须拥有一套独特而明确的网页形象识别系统，这是网页区别于同类竞争对手，营造匠心独运、卓尔不群的风格气质与形式表现的核心；其次，形象识别系统还是网页品牌塑造的关键，因为在今天纷繁复杂、竞争激烈的网络市场中，品牌是网页吸引用户，并赢得用户关注与青睐，屹立于互联网市场的核心竞争力。

在网页界面设计中，网页形象识别系统包括以标志为核心，由象征图形、标准文字与色彩体系共同组成的形象识别系统，这套系统通常在网页设计之前便已形成。因此，网页的界面设计须以此为核心，遵循统一与变化的基本原则，一方面，以标志为核心的形象识别系统是具有主导与统一各视觉设计要素的决定性力量，也是用户心目中品牌与企业的统一物。另一方面，根据网页的功能特点与设计特点，在与以标志为核心的形象识别系统保持统一的基础上，更重要的是利用视觉元素组合变化的创新力量，设计出功能与艺术、实用与审美结合的网页界面。（图3-18、图3-19）

形象是网页界面的组成部分，其重要性已经无须再过多重复。但由于网站有多页面组合的特点，除了单个页面的形象识别外，同一网站的网页整体形象识别也至关重要，这是网页

图3-18 www.dreamdriving.com.cn——标志统一

图3-19 www.cuttherope.net——标志统一

间有机联系、承上启下的重要桥梁。因此，除了统一的标志形象之外，还有以下三种行之有效的设计方式能够形成完整的网页形象识别。

（1）色彩统一

由于色彩具备事物与情感的象征性、视觉与心理的暗示性等属性，所以在网页整体形象塑造中的重要性不言而喻。首先，标志与形象识别系统中的标准色与辅助色是网页设计的最佳色彩选择，能够在最大程度上统一网站内的各页面，形成完整明确的网页色彩形象识别；其次，统一的色彩体系还会赋予网页独特而鲜明的个性特征。（图3-20、图3-21）

图3-21 carolinawildjuice.com——色彩统一

图3-20 www.petenottage.co.uk——色彩统一

（2）版式统一

除了色彩统一外，版式统一也是统一网页形象识别的有效设计手段。在网页界面设计中，常见的一种版面形式是欢迎页、首页的版式不同，分支页的版式统一。但也有少量网页，或是因为主题与信息内容高度统一，或是追求个性等原因，形成一种首页、分支页高度相似的版式结构，强化页面间浑然一体的形象识别。（图3-22）

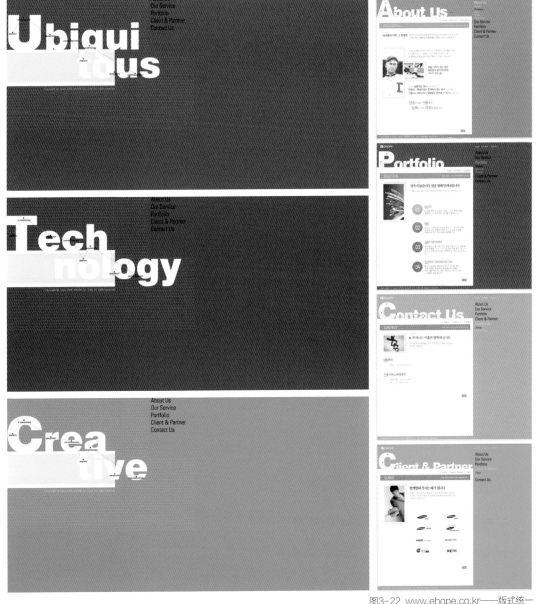

图3-22 www.ehope.co.kr——版式统一

（3）元素统一

在网页界面设计中，如果因为主题与需求的差异而导致欢迎页、首页与分支页在页面版式与色彩设计方面无法统一，可运用风格与形式相同或相似的设计元素进行统一与呼应，营造和谐而系列感强的网页界面。需要注意的是，作为贯穿整个网站页面的设计元素须是能表现网页主题的具有典型意义的符号、图形、文字与相关装饰元素。（图3-23、图3-24）

图3-23 2014春节必看de14个锦囊（百度知道）——元素统一

图3-24 www.muzine.go.kr——元素统一

至此，不得不再次强调的一点是，在网页界面设计中，上述三种设计手法须以统一的标志形象为核心，根据具体情况灵活使用，更多的时候是两种或多种手法的结合使用，条修叶贯、主次分明，营造曲尽其妙、浑然一体的整体网页风格与形象识别。

2. 尺寸规格

由于网页依赖于显示器与浏览器显示的特点，因此其不同于报纸、杂志、平面广告等具有完全固定尺寸的印刷品的尺寸规格设置。网页的尺寸由显示器的大小与分辨率的高低，以及减去浏览器边缘所占的面积三个要素决定，其中，网页尺寸与显示器和分辨率成正比关系，显示器越大，分辨率越高，那么网页的尺寸就越大。因此，在设计中对网页界面尺寸进行设定时，要考虑当前主流的显示器与分辨率以及浏览器的边缘宽度，为网页设置一个最佳的浏览尺寸，同时还可以在网页中标注最佳浏览分辨率，方便用户获得最佳浏览效果。

首先，所有网页的显示都被限制在浏览器的显示框中，这个显示框被称作"屏"。那么通常我们所指的网页尺寸就是指的这个"屏"的尺寸，如显示器分辨率为800×600像素，那么其"屏"的尺寸约为778×434像素；显示器分辨率为1024×768像素，那么其"屏"的尺寸约为1002×612像素。当网页界面以"屏"为单位时，根据网页所显示的内容，通常对于欢迎页与内容较少的页面的尺寸才设置为1屏，而对于内容较多的页面，则不会将高度限制在1屏之内，因此，网页的高度通常没有固定值。同时，对于超过1屏的网页，浏览器则会自动给出垂直滚动条以帮助用户浏览，但如果网页太长，超过了3屏，则需要在网页中添加锚点链接或指示图标，以便于用户有效浏览网页，如图3-25为高度超过3屏的CK官方网页。

图3-25 www.calvinkleininc.cn
——高度超过3屏的超长网页

其次，为了保证页面显示与浏览的完整性，对于网页界面宽度，其尺寸的设定有相应的规则。其一，当前主流显示器均为19寸及以上的宽屏，不同的显示尺寸其显示的分辨率也有所不同；其二，不同浏览器的左右边缘的总宽度有不同程度的差异，例如：IE是21像素，FireFox是19像素，Opear是23像素，等等。因此，我们可以举例说明，当显示器分辨率为1280×720像素，浏览器为Opear时，网页界面完整显示的最大宽度应该是1280像素减去23像素，为1257像素，意思是在该分辨率下，网页界面宽度的设置不超过1257像素，即可在大部分主流浏览器中得到完全显示。简言之，为了页面显示的完整性，网页界面的单屏最宽度尺寸通常不应该超过显示器宽度值减去浏览器边缘宽度值的尺寸。当然，也有某些网页由于自身的需要其界面宽度超出了单屏的宽度尺寸，甚至由横向多屏页面组成，这时浏览器会给出水平滚动条以便于用户浏览，我们也可以通过设置网页自动滚动或提示左右滚动的图标，给用户提供便捷。如图3-26为宽度超过3屏的超宽网页界面。

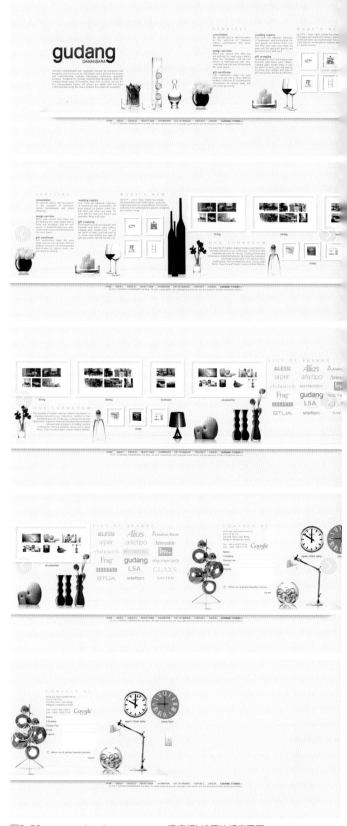

图3-26 www.gudanghome.com——宽度超过3屏的超宽网页

3. 版式布局

版式布局，网页界面的形式基础是决定网页气质风格与视觉表现的重要环节。优良的版面形式布局还是网页实现有效的信息编排与传递、增强用户对于信息的可读性和接受度的基础条件；同时，不同的版式布局具备不同的性格特征，是塑造网页独特个性的有效方式之一。因此，根据版式设计的视觉流程与形式美法则的相关理论知识，同时结合网页设计的个性特点，可以将网页的版式布局分为以下七种基本类型：

（1）理性分割

理性分割是一种常见的版面布局形式，广泛应用于网页的界面设计中。理性分割是指将网页版面以水平线或垂直线进行分割所形成的或横向，或纵向，或横纵结合的版面布局形式。首先，该版面形式能使网页界面的信息层次条理清晰，页面结构主次分明。其次，横向布局的网页在理性中兼具恬静与舒适，纵向布局的网页在坚定与直观中更加彰显理性与别致，而横纵结合的版面布局则兼具了两者的特点，在页面层次上更加丰富，对于处理信息量更大、层次更多的网页更加得心应手。另外，该版面布局灵活易用，便于分别编排不同性质的信息内容，图片内容的活力感性与文字内容的理性平静将使页面呈现出丰富有序的视觉效果。因此，利用理性分割这种版式布局的可塑性和再造性，并结合不同的设计主题与风格，可以呈现理性多变、和谐有序的页面风格与视觉效果。（图3-27至图3-32）

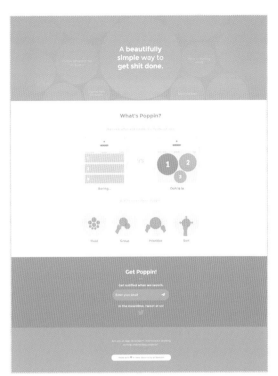

图3-27 www.poppin.io——横向分割

图3-28 www.myla.com——横向分割

图3-29 familycar.hondakorea.co.kr——纵向分割

图3-30 woodwork.nl——纵向分割

图3-31 www.3cuba.lv——横纵结合分割

图3-32 www.ricetop10.com——横纵结合分割

（2）满版拓展

满版，是指在网页界面设计中以图像布满整个网页版面，其他设计元素如标志、符号与文字信息等以简洁突出的形式置于图片之上，形成对比强烈、舒展大方的视觉印象与风格彰显的一种版面布局形式。该版式布局从形式上看图片是作为界面背景存在，但实为界面的主要诉求点，用于突出强调网页的主题形象与个性特征，增加页面的视觉表现力。同时，由于图片充满整个页面，用户会形成一种无边框的视觉印象，增加网页界面的视觉宽度，营造一种开阔的网页效果。因此，近年来很多追求个性表现与主题强化的网站在欢迎页或首页的设计中都选择了这种独特的版面布局形式，以独一无二的主题图像传达信息内容，彰显品牌精神或个性特征。（图3-33至图3-36）

图3-33 www.rosagelee.de——满版拓展

图3-34 www.kurumed-publishing.jp——满版拓展

图3-35 maxcooper.net——满版拓展

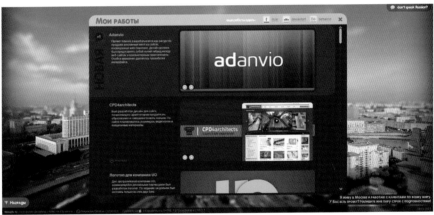

图3-36 www.alexarts.ru——满版拓展

（3）严谨对称

对称是广泛应用于各种设计门类的一种历久弥新的设计手法。随着设计艺术的发展，对称这种版面布局形式在网页界面设计中得到进一步的升华与拓展，愈发显得现代时尚，焕发出新的设计艺术魅力。对称这种版面形式是基于网页界面的水平中轴线或垂直中轴线将版面分为上下或左右两个视觉面积相等的部分，将相同类别的信息内容依照不同的需求做垂直或水平方向的对称排列，营造出一种严谨精致的页面视觉效果。同时，不同的对称形式将给页面带来截然不同的视觉效果，垂直对称排列的页面，给用户带来或通透直观，或庄严肃穆的视觉印象；水平对称排列的页面，则给用户带来或稳定舒适，或平静流畅的视觉感受。（图3-37至图3-41）

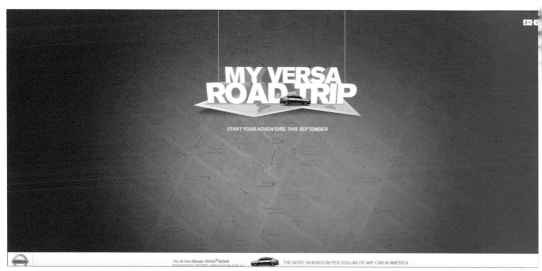

图3-37 www.myversaroadtrip.com——严谨对称（垂直）

图3-38 birdman.ne.jp——严谨对称（垂直）

图3-40 www.versacecollection.com——严谨对称（水平）

图3-39 www.jointlondon.com——严谨对称（垂直）

图3-41 www.tsred.com——严谨对称（水平）

（4）灵巧曲线

曲线，以其灵巧多变之姿，动感柔软之态，成为版面编排的重要导向元素。在网页界面的设计中，将主要的信息内容以曲线形态进行编排布局，营造灵活巧妙的页面效果。由于曲线形态的异同，页面的视觉效果也有所不同。通常，网页界面设计中较为常用的曲线型版式布局主要分为弧形曲线、波浪形曲线和自由形曲线三种类型。其中，弧形曲线版式布局的网页界面开阔、包容、全面，能增强页面视觉张力；而波浪形曲线布局的网页界面灵巧、生动，是营造页面节奏与韵律的重要手段；自由形曲线的版面布局则更加千变万化，易于结合不同的设计主题，打造网页界面形式表现的多元律动效果。（图3-42至图3-47）

图3-43　www.seaou.com——灵巧曲线（弧形）

图3-44　www.demisoda.co.kr——灵巧曲线（波浪形）

图3-45　www.aisspain.es——灵巧曲线（波浪形）

图3-42 www.mediaengine.com.au——灵巧曲线（弧形）

图3-46　www.quimeradiseno.com.ar——灵巧曲线（自由形）

图3-47　d.ballooner.com.hk——灵巧曲线（自由形）

（5）倾斜动感

倾斜是一种能够塑造强烈的页面动态视觉效果，继而形成强势心理动态效应的版面布局形式，使用该版式布局的网页界面能够给用户留下深刻的印象。简言之，倾斜版式即是将页面的主要信息元素做倾斜编排，形成一种倾斜不稳定的页面动感态势。进而言之，倾斜形式的版面布局可通过倾斜的方向、角度等方面的变化，使页面产生急促或缓慢、平坦或陡峭、稳定或颠倒等变化多样的动态效果。因此，相比静态的网页布局形式，倾斜动感的页面形式效果所带来的力量变化将强化网页在用户心目中的视觉印象，促进网页信息的有效传递。（图3-48至图3-52）

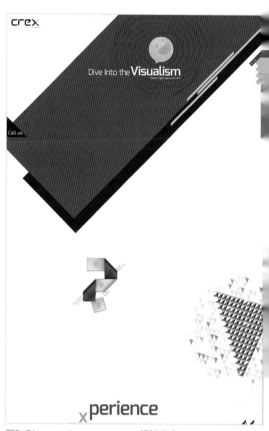

图3-51　www.thecrex.com——倾斜动感

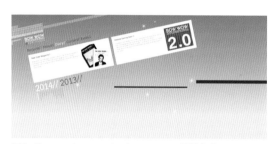

图3-48　www.bowwowlondon.com——倾斜动感

图3-49　www.etoilemecanique.com——倾斜动感

图3-50　www.owenshifflett.com——倾斜动感

图3-52　www.mindworks.gr——倾斜动感

（6）焦点注目

之所以称之为焦点，是因为将网页的主题信息内容通过设计有效地聚集在一起，编排置放在页面的最佳视域，形成页面的视觉焦点与用户心中的心理焦点。焦点注目这种版面布局形式从组织与编排方面强化了信息内容的主体性，利用版面鲜明的对比层次关系有意识地将用户的目光聚焦在一起，使页面的主题形象更加鲜明突出，信息的传递更加行之有效。同时，页面视觉焦点的存在还会在页面中形成一种无形的吸引力，我们称之为"视觉磁场"。视觉磁场的形成将有效引导其他视觉元素进行有目的性地排列，营造主次分明、井然有序的页面层次关系。另外，在该版式布局的设计中，焦点的形式、色彩、编排的层次关系都决定着页面视觉效果的成败。（图3-53至图3-57）

图3-55 tvxq.smtown.com——焦点注目

图3-53 www.donerland.co.kr——焦点注目

图3-56 www.bembelembe.com——焦点注目

图3-54 breadbowl.dominos.co.kr——焦点注目

图3-57 www.wrist.im——焦点注目

（7）自由多元

除上述6种常见的网页版面布局形式之外，还有一些不拘泥于任何规则与形式的版面布局类型。超越规律，摒弃秩序，追求无拘无束、自由轻松的风格诉求与新颖别致、愉悦多元的视觉效果是这些版面布局形式的共同点。在这些版面布局中，随意自由的风格诉求与形式表现中充满着超越规律的新鲜和喜悦，彰显着设计的永恒变化的创新精神。因此，对于网页版面布局的规律与形式的探寻和追求是永无止境的，反复的实践与尝试将永远是网页版面设计创新的真理所在。（图3-58至图3-64）

图3-58 justinqueso.org——自由多元

图3-59 a2platinum.umaman.com——自由多元

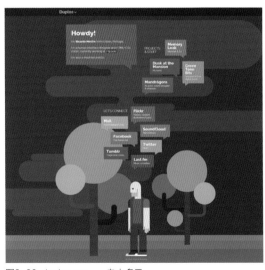

图3-60 duplos.org——自由多元

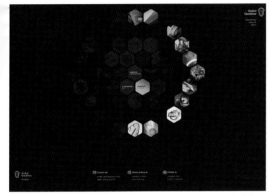

图3-61 cozciebiewyrosnie.pl——自由多元

图3-62 gorohov.name——自由多元

图3-63 www.regalshoes.jp——自由多元

图3-64 www.summerfestival.be——自由多元

4. 色彩运用

网页，一种基于计算机屏幕和浏览器显示与表现的视觉媒体，其色彩的显示机制与表现原理自然也有别于传统纸质媒介。同时，在网页设计中，色彩不仅是网页形象塑造与信息传达的重要手段，还是网页界面表现的主要设计元素之一，其重要性不言而喻。因此，在网页设计之前，必须首先了解网页的色彩显示模式以及色彩的表示方法，在此基础之上，结合网页的设计特点，把握色彩的个性特征与诉求原则，探求相关设计表现手法，做到了然于心、游刃有余。

（1）显示模式

网页色彩的显示是基于计算机色彩空间所能输出的色彩集合，因此，网页设计所使用的色彩模式通常为RGB模式。需要明确的是，RGB模式是计算机色彩显示的物理模式，基于光的三原色R（Red）、G（Green）、B（Blue）的混合产生，因此，所有屏幕显示的图像文件的色彩显示均是基于RGB色彩模式。

通常情况下，RGB各有256级亮度，用数字表示为0～255。通过计算，256级的RGB色彩总共能组合出约1678万种色彩，即 $256 \times 256 \times 256 = 16777216$。因此RGB也被简称为1600万色或千万色，也称为24位色（2的24次方）。对于单独的R、G、B而言，当数值为0时，代表这种颜色不发光；如果数值为255，则该颜色为最高亮度。因此，纯白色的RGB值为R255，G255，B255，而纯黑色的RGB值则是R0，G0，B0。由此可知，RGB的色彩混合方式是加法混合。在RGB模式中，红、绿、蓝三原色在饱和度和亮度最高的时候的值分别是R255、G0、B0，R0、G255、B0，R0、G0、B255；由于黄色并非光的三原色，是由红色加绿色混合而成，其值为R255、G255、B0。（图3-65）

另外，在RGB模式中，网页颜色还使用16进制颜色码这种简洁明了的方式进行表示。简言之，十六进制颜色码即是在软件中设定颜色值的代码，由0~9，A~F组成。其格式以"#"开始，R、G、B的16位元进制数紧随其后。例如，白色的R、G、B三个颜色的值都是最大值255，其16进制代码便是#FFFFFF。黑色的三个颜色的值都是最小值0，其16进制代码则是#000000。另外，在网页设计中，网页色彩除了使用RGB色彩值与16进制颜色代码外，还可以将其对应的色彩英文名称作为代码在HTML与CSS中使用。

在本章之后所附由W3C提供的网页标准色彩表，包括色彩的英文名称、Hex RGB、Decimal与标准色样，供大家参考使用。

除了RGB模式外，网页设计还经常使用HSB色彩模式。该色彩模式的原理是使用色彩的三要素色相（Hue）、饱和度

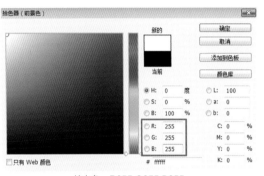
纯白色：R255,G255,B255

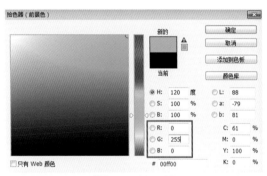
绿色：R0,G255,B0

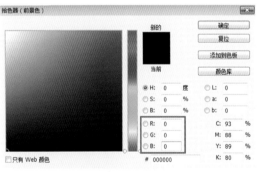
纯黑色：R0,G0,B0

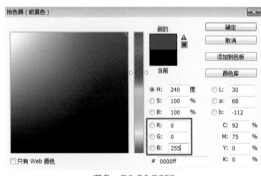
蓝色：R0,G0,B255

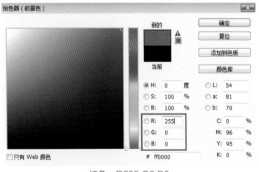
红色：R255,G0,B0

黄色：R255,G255,B0

图3-65 RGB色彩模式中的基础色彩值

（Saturation）、明度（Brightness）构成。其中，H（色相）是指在0～360°的标准色环上，按照角度值标识不同的颜色；S（饱和度）是用于表示色相中彩色成分所占的比例，使用0（灰色）～100%（完全饱和）的百分比数值来度量标注；B（明度）是指颜色的明暗程度，通常是使用0（黑）～100%（白）的百分比数值来度量标注。

（2）使用原则

在网页设计中，色彩之所以作为界面风格营造与形式设计的主体要素，除了色彩本身的各项功能，色彩的个性特征以及与网页设计的关系原理十分重要。基于上述要点，在网页界面设计中，色彩的使用应当满足以下使用原则。

①独特性原则

独特的色彩基调是网页区别于竞争对手的重要手段之一。因此，网页色彩运用的首要使用原则即是确保网页界面色彩表现的独特性，借助色彩先声夺人的传达力量给用户建立与众不同、别具一格的网页视觉印象，提升网页对于用户的心理渗透能力。在下面的案例中我们首先看到的是，百事可乐时尚前卫的蓝红色网页基调与可口可乐简洁清爽的红白色网页基调之间的对比所形成的各自独特的品牌形象识别的对照；紧接着再欣赏奔驰汽车网页的科技凝重之风与宝马汽车网页的动感自在之美，虽具备同样理性的特征，但一黑一白截然不同的色彩基调，互为比较，均能在用户心中留下独特而深刻的网页与品牌印象。（图3-66至图3-69）

图3-66 www.pepsi.com——独特性原则

图3-67 us.coca-cola.com——独特性原则

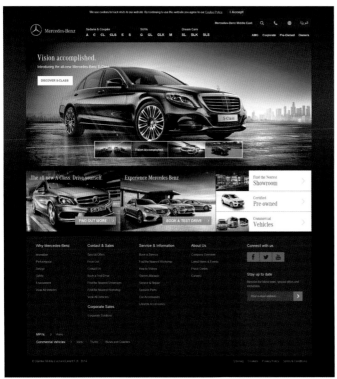

图3-68 mercedesbenzme.com——独特性原则

图3-69 www.bmw.com——独特性原则

② 适合性原则

除了独特性原则外，在网页界面设计中还应当遵循色彩使用的适合性原则，突出网页界面设计中的风格、形式与色彩三者之间和谐统一的视觉关系表达。网页色彩使用的适合性原则主要是指色彩的使用首先要适合网页的主题诉求与功能定位，其次要适合网页所针对的用户群体，最后还要适合网页风格的定位与表现。因此，适合性原则的确立对于网页色彩的选择与控制提供了可行性依据，可以最大限度地避免网页色彩的误选与滥用。如图3-70所示，简约纯粹的黑白灰基调内敛含蓄地彰显着该品牌高尔夫器材的精湛品质；而在图3-71网页中，5幅色调不同的主题图片在首页中交替出现，不仅适合不同的产品表现与主题诉求，还给页面增加了变化的动感。

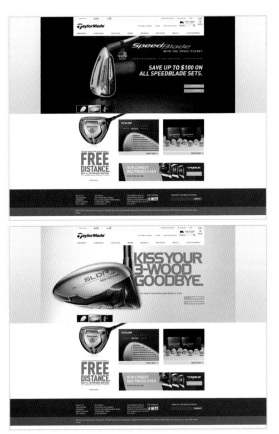

图3-70 taylormadegolf.com——适合性原则

图3-71 us.herbalessences.com——适合性原则

③象征性原则

网页色彩使用的象征性原则，源于色彩对于人的心理作用，因为色彩除了作为设计要素的功能外，更重要的一点是色彩具备情感表达与意念传递的作用；同时受不同的地域、文化与信仰的影响，不同的色彩会产生不同的象征意义。因此，在网页界面设计中，利用色彩在不同文化背景中的不同象征意义，营造风格气质与形式表现各异的网页效果，强化网页界面的视觉张力，使得网页精神理念的传递更加直接主动。如图3-72所示，红色与黑色的搭配历来是中国传统文化与艺术的象征，用于表达中国传统风格建筑形式的中国会馆的网页色彩基调是再合适不过了。在图3-73网页中，金黄色与深褐色搭配的基调象征着蜂蜜产品的高贵品质，给用户形成明确而独特的品牌与网页印象。

图3-72　www.scchinahall.com——象征性原则

图3-73　www.dongsuhhoney.co.kr——象征性原则

（3）设计表达

在网页界面设计中，色彩具备了版面划分、层次明确、氛围营造与关注提升等方面的作用。因此，在了解了网页色彩模式的前提下，明确了网页色彩使用原则的基础上，网页界面色彩的设计与表达将通过以下方法与手段来实现。

①印象建构

网页印象是指用户作为认知主体通过相关途径对网页形成的形象认知。色彩与色调信息作用于用户的视觉与心理所形成的网页色彩印象空间是建构完整网页印象的重要组成部分之一。因此，网页色彩设计的第一步是根据色彩使用的独特性与适合性原则，紧密结合网页的主题与风格，考虑特定用户群体对于色彩的理解与偏好，为网页量身定做独一无二的界面色彩基调，形成完整、独特的网页色彩印象。

网页的色彩基调是指选择相关色彩，通过在色相、饱和度和明度三方面的搭配变化、共同参与所形成的一个三维色彩空间，用以表达相应的网页主题、设计理念与性格情绪，是网页印象构建的主要途径之一。如图3-74至图3-77所示，在图3-74中，没有比这种蓝绿色基调更适合建构关于太空与星球的主题印象了；而图3-75，网页利用粉红色的同类色，以及色彩的明度变化建构"母亲节给妈妈送上一份特别的爱"这样一个温馨浪漫的网页印象。

图3-74 12wave.com——色彩的印象建构

图3-75 www.dearmum.org——色彩的印象建构

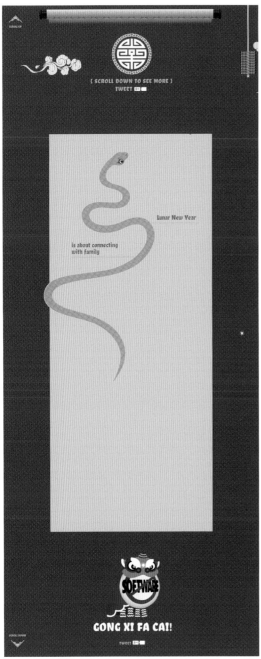

图3-76 www.salesforce.com——色彩的印象建构

图3-77 designforgoodbham.com——色彩的印象建构

图3-78 www.swimmingwithbabies.com——色彩的功能划分

②功能划分

在确定了网页的色彩基调，形成了较为完整的网页色彩印象之后，就需要对色调中的色彩进行功能划分，确定色彩在网页界面中的视觉层次关系。

在网页色彩的功能划分中，网页色彩印象起到了统筹规划的重要作用，合理的色彩功能划分能够形成条理清晰的网页色彩层次关系。根据需求的不同，可将色调中的色彩分为主体色彩、次要色彩、背景色彩、突出色彩与点缀色彩等形式，分别在网页界面中起着不同的功能作用。如图3-78至图3-81所示，图3-79网页大面积的绿色渐变同时担当了网页的主体颜色与背景颜色，与页面主题元素的色彩形成了强烈的对比效果，增加了网页的视觉冲击力；在图3-81中使用了不同层次的蓝色分别担当了主体色彩、次要色彩与背景色彩，其他的颜色则用做突出的导航条色彩与图标和按钮使用的点缀色彩，页面色彩关系显得统一且层次分明。

图3-79 script.aculo.us——色彩的功能划分

图3-80 fluxility.com——色彩的功能划分

图3-81 www.swarovski.com——色彩的功能划分

③色彩编排

网页色彩设计表达的最后一步则是利用色彩使用的形式美原则对已设定好的色彩进行编排。网页由多页面组成的特点决定了在网页色彩编排中要同时兼顾单一页面的色彩表现与多页面之间的色彩关系。因此，对比与协调、变化与统一是网页色彩编排的总体原则。

对比与协调是指通过运用色彩在色相、纯度、明度、冷暖和位置、数量、面积上的对比与协调，最终形成和谐舒适的网页视觉美感。变化与统一则是指单独网页色彩变化与多个页面色彩统一的关系原则。简言之，兼顾个性的突出、确保整体的连贯，是网页色彩编排必须遵循的准则与要求。在图3-82芭比官网中，芭比经典唯美的玫红色串联起一个个色彩不同的网页界面，40余年的经典形象与随时代发展的多元风貌在这变化与统一中显现得淋漓尽致。如图3-83所示，网页中五彩色的张扬夺目从主页延续到分支页，却又在白色背景中显得俏皮精致、悠然自得。

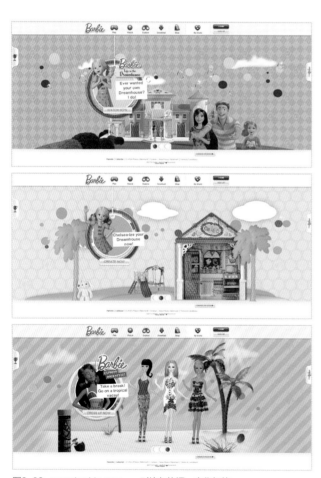

图3-82　www.barbie.com——对比与协调、变化与统一

图3-83　br.havaianas.com——对比与协调、变化与统一

5.元素联想

在网页界面设计中，出于需求与审美的目的，通常会使用各种各样的设计元素。不同的设计元素所扮演的角色不一样，承担的功能也不一样，需根据实际情况灵活运用。

（1）色块

色块以其多变的外观形式、简洁的性格情绪与广泛的适应特性，成为网页设计中最为常见的一种设计元素。色块是一种抽象的设计元素，不同的形状与色彩结合，在网页设计中扮演着衬托主体、布局分区、层次明确、意境渲染等重要的角色形式。在具体的设计中，应结合不同的网页主题，根据版面的需求，设计使用不同的色块形式。其中，直线轮廓的色块形式纯粹而坚定，曲线轮廓的色块则灵巧多变；面积较大的色块直观有力，能够有力地主导页面的形式布局，面积较小的色块则具有类似符号的特点，显得精巧雅致，是信息提示与页面点缀不可或缺的重要设计元素。（图3-84至图3-89）

图3-84 juliosilver.com——色块

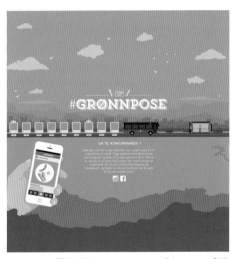

图3-85 xn--grnnpose-64a.no——色块

图3-86 www.unilever.co.kr——色块

图3-87 www.jiayingdesign.com——色块

图3-88 pandra.ru——色块

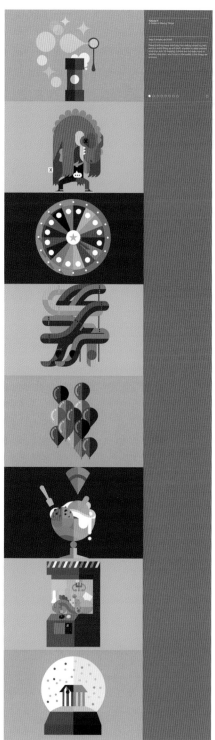

图3-89 volumes.madebyfieldwork.com——色块

（2）渐变

除了色块外，另外一个被广泛使用在网页界面中的以色彩表现为主的设计元素是渐变。我们将色彩从色相、饱和度、明度以及透明度等方面所做的过渡变化称之为"渐变"。相比色块的纯粹简洁，渐变表现的色彩过渡的细腻生动更有利于营造或柔和朦胧，或强烈刺激的页面氛围。在网页设计中，渐变常用于网页背景的设计与各种光泽、阴影、透明效果的表现，是塑造三维立体效果与表达特定材质特征，丰富网页视觉效果与页面层次关系的重要手段。另外，由于渐变效果变化的多样性，结合不同的网页主题与设计风格，易于塑造不同的页面氛围与情境，增强页面的感染力。（图3-90至图3-96）

图3-90　www.lecomptoirdumalt.fr——渐变

图3-91　music.heineken.com.tw——渐变

图3-92　axinweb.com——渐变

图3-93　web.burza.hr——渐变

图3-94　gloosticker.com——渐变

图3-95　prometheanit.com——渐变

图3-96　www.leyoweb.fr——渐变

（3）边角

边角，在网页设计中通常用于定义对象的轮廓，常见的主要有直角、圆角、卷角与折角等形式。其中，矩形是图片基本轮廓的形式基础，直角是最为常见的边角形式，具有使用广泛与直观、锐利等特征；圆角则是随着设计艺术的发展而出现的一种新的边角形式，因其具有圆润简洁的视觉效果被广泛用于网页设计之中，能给用户带来舒适婉约的视觉与心理感受；而卷角和折角的使用则相对较少，作用是让设计对象的一个或多个边角产生卷曲或折叠的形式，最终形成类似于纸张的真实效果，起到提示信息与活跃页面氛围的作用，从视觉上降低屏幕与用户之间无法触摸的距离感。除此之外，卷角与折角的使用还能给网页带来一种悄然的复古情趣，突出网页的气质，强化网页的氛围。（图3-97至图3-103）

图3-97　www.inpi.fr——边角（直角）

图3-98　portfolio.petrini.com.br——边角（圆角）

图3-99　www.coca-cola.pl——边角（圆角）

图3-100　www.wendys.com——边角（直角）

图3-101　andrewlindstrom.com——边角（卷角）　　　　图3-102　rampchamp.com——边角（卷角）

Skip to navigation bar
Skip to main content

Ungarbage: Taking one step forward to recycle the Web

This concept arose from a personal effort aimed to turn the Web a better place. Actually there are a lot of web designers doing the same right now, and the magical words are "Web Standards". Like a useless newspaper, many websites are being daily discarded by their owners and target; therefore it's time to attack the reasons.

A good website must be valuable, useful, visible, quick and accessible; otherwise, it is not worthy of viewing. But, you must be thinking that we need more than a well constructed website to achieve such result. What about the content, the information itself? I believe that when you set high standards of work, they will guide all the stages of the project. Do you also believe so? Contact me.

About Me

My name is Mourylise Heymer and I'm a Brazilian user experience designer currently working for a technology research and development organization... [+]

Web Standards

I've learned web standards for some time and I feel pity for not being included in this "world" before. What a wonderful thing, to be able to do things right. Imagine a perfect world where... [+]

Portfolio

Some of the most remarkable works of my portfolio include website's information architecture, graphical user interface, advertising campaigns, promotion solutions... [+]

Latest Project

Mobile Montagem is a web app aimed at helping furniture assemblers to accomplish daily activities more efficiently, giving them a tool to receive service orders and to report their conclusion[+]

Worthy of Viewing

I've identified several major companies and organizations that have migrated or are migrating to the web standards and here you can find a list with some of them.

By providing an accessible website a company will be capable to communicate more efficiently with their target, avoiding problems related to complaints or website abandonment.

All the accessibility features implemented in this website and their benefits.

 Navigation Bar

Contact Me

Please, feel free to contact me anytime. It's always a pleasure meeting new people of like mind and different opinions are very welcome in a positive discussion.

Name
your name
E-mail
your e-mail
Message
your message

Ungarbage's online presence has been honored by the following websites:

BESTWEBGALLERY　THEBESTDESIGNS　MOLIV'S　W3SITES　WEBCREME　CSSREMIX　CSSCLIP　CSSBASED
SCREENFLUENT　SCREENALICIOUS　WEBDESIGN-INSPIRATION　CSSIMPORT　CSSHEADTRIP　PROWEBART　WP-TABLELESS
CSSCONTAINER　CSSPRINCESS　CSSMANIA　MA.GNOLIA　CSSTUX　CSS-WEBSITE　DESIGNLINKDATABASE　ONEPIXELARMY
W3C-COMPLIANCE　DESIGNSHEURB　CSSFRESH　AYTHEDIANAWARD　CSSELANCE　ILOVECSS　YETOH　TUTORIALBLOG
CSSHEAVEN　CSSHARDCORE　BLUMII　CSSCOLLECTION　MY3W　WEBDESIGNGALLERY　CSSGALLERIES　COOLHOMEPAGES

图3-103　www.ungarbage.com——边角（折角）

（4）装饰

自网页设计成为视觉传达设计大家族的一员之后，装饰就作为重要的设计元素在网页设计中被广泛使用。装饰元素主要分为具象装饰元素与抽象装饰元素两种，其目的在于美化页面、构建页面风格，最终起到突出页面主题与烘托情境的作用。因此，装饰元素的创意表现应当结合网页主题与设计风格，使用现代设计理念从自然、生活、历史、文化与艺术中发现收集、提炼创新。同时要遵循"少即是多"的设计原则，在具体设计中做到适可而止，切勿喧宾夺主，破坏了网页的版面层次和视觉平衡。（图3-104至图3-111）

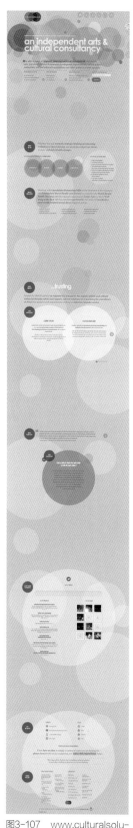

图3-104　www.nicolekidd.com——装饰（具象）

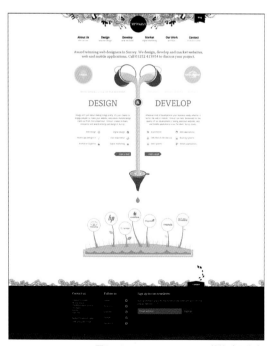

图3-105　1minus1.com——装饰（具象）

图3-106　forbi.info——装饰（抽象）

图3-107　www.culturalsolu-tions.co.uk——装饰（抽象）

图3-108　www.greenman.net——装饰（具象）

图3-109　www.urban-international.com——装饰（抽象）

图3-110　www.millionokcps.com——装饰（抽象）

图3-111　fixate.it——装饰（具象）

（5）符号

符号在网页设计中通常作为一种提示性与引导性的设计元素出现，其作用主要有信息提示、阅读引导、功能指示与突出点缀等。因此，符号的使用首先要满足网页信息编排与版面形式的需求，强化符号用于提示与引导的功能需求，以便形成有条不紊的网页结构框架与信息层次，增加网页信息传导的有序性。其次，符号的使用还需要满足网页的审美需求，在网页风格的主导下，设计相应的符号形式，形成突出点缀、协调统一的视觉效果。因此，突出功能、强化审美，是网页符号设计的不二原则。（图3-112至图3-117）

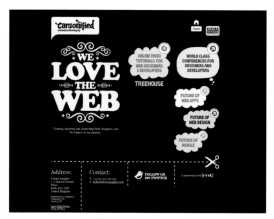

图3-112 www.carsonified.com——符号

图3-113 www.kylepenndesign.com——符号

图3-114 olegpostnikov.ru——符号

图3-115 builtbybuffalo.com——符号

图3-116 microsites.audiclub.cn——符号

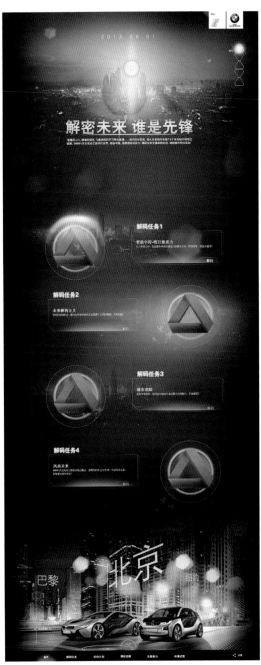

图3-117 www.bmw.com.cn——符号

（6）肌理

在网页设计中，肌理元素的使用通常是为了增加网页在视觉上的真实感、质量感和层次感，彰显网页形式表现的个性特征，营造丰富多元的视觉效果。网页中的肌理表现主要分为底纹与材质两种类型，常用于网页背景与信息框架模块的设计中，起到美化对象与装饰页面的作用。但需要注意的一点是，底纹与材质通常具有明确的外观形式与风格特征，且在网页中使用的面积通常不会太小，因此需要慎重选择并通过相关设计处理使其能够迎合并服从网页的风格环境，起到衬托各类信息元素的作用。因此，肌理在网页设计中的使用须遵循适合与节制的原则，给用户传递巧而精、形而神的设计韵味与精神气质。（图3-118至图3-125）

图3-118 www.olawojtowicz.com——肌理（底纹）

图3-119 www.octonauts.com——肌理（底纹）

图3-120 www.hetgroenteenfruitlab.nl——肌理（底纹）

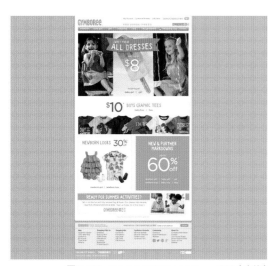

图3-121 www.gymboree.com——肌理（底纹）

图3-122 www.shiftfwd.com——肌理（材质）

图3-123 www.cheeseandburger.com——肌理（材质）

图3-124 kinetictg.com——肌理（材质）

图3-125 www.gonatural.pt——肌理（材质）

第三节 规划整编——网页设计的流程

网页设计，并非仅指网页界面设计的环节，而是指网页设计从项目策划到设计制作再到发布推广的一个完整而严谨的流程。在网页设计中，进行有条不紊的流程规划是提高网页设计工作效率的基础。网页设计的流程主要包括项目策划、信息组织、设计制作、测试发布、宣传推广、反馈完善六大流程。

一、项目策划

在网页设计项目策划的阶段，主要包括以下两个环节的工作内容：

（一）明确网页的类型功能

网页设计的第一步，应当是明确该网页的类型与功能，这是开展网页设计后续工作的基础。因此，须结合网页要满足的功能与用途为网页设定一个明确的类型，为接下来设计风格的界定与信息内容的组织提供一个精准的方向。

（二）定位网页的设计方向

根据已确定的网页类型，须为网页策划定位其界面外观初步的风格形式、版面结构、色彩基调等方向性质的设计内容，形成一个较为完整的设计计划与初步的网页印象。

二、信息组织

信息组织是确定网页所要装载内容的环节。在这个环节中，信息的类型与数量决定了网页的规模与层次。

（一）设定信息的结构框架

在对信息进行收集编排以前，须先设定信息内容的结构框架。首先，设定网页的信息项目组及其大小层次关系，形成网页的基础结构关系。其次，确定各个页面的主题、包含的信息内容以及页面之间的层次结构和隶属关系。最后，还要考虑树形结构之外页面的交叉结构关系。

（二）组织编排信息内容

在该环节中，首先是要筛选确定在网页建设阶段所必须且相对稳定并能长期使用的主体和骨干信息内容。其次，是将相关内容分门别类，分别归入已设定好的信息框架所对应的项目组中，形成条理清晰、主次分明的信息内容架构。

三、设计制作

网页的设计制作要以项目策划中已定位的设计方向为基础，注重网页界面形式的层次性与完整性，网页技术运用的准确性与可行性，以功能齐全、形式个性的网页为广大用户群体服务。该环节的具体内容已于本书第二章与第三章之中详细叙述，故不再赘述。

四、测试发布

在网页设计制作完成以后，应该对网页进行全面的测试检查后再将其进行发布。网页的测试发布包括网页技术测试和网页内容测试两部分。网页技术测试，是指对于网页制作中所涉及的各项技术进行检查与测试，确保网页在客户端的显示效果的准确和操控功能的可用。网页内容测试，是指检查核实网页内容是否装载准确、归属到位，是否逻辑清晰，符合网页的信息诉求。经所有测试满意后，网页就可以上传到相应的网络服务器上进行发布了。

五、宣传推广

宣传推广是网页设计流程中的一个重要环节，它为用户开启了网页访问的途径，同时拓宽了网页信息反馈的渠道，真正实现网页作为交互平台的意义。目前，网页的宣传推广可以通过两种主要途径实现。其一，利用传统媒体的力量进行宣传推广，例如：电视、报刊、型录、广告等媒介形式，可以使其在用户心中形成初步的网页印象；其二，利用互联网的传播力量进行推广，例如：可借助各类搜索引擎做活动推广，提高站点网页在搜索引擎中的搜索率和排位率；其三，可在其他的网页上投放旗帜广告、设置友情链接，通过网页之间的横向交叉联系进行宣传；其四，利用论坛和新闻讨论组的交互传播力量来提升网页在用户心目中的形象等有效的宣传推广方式。

六、反馈完善

网页作为信息传播与交流的平台，其使用的长期性和信息更新的高频率使网页必须利用各种反馈信息对自身进行不断的完善与发展。网页获取信息反馈的途径主要包括：大量提供访客调查和统计服务的专门网页与后台程序，可以为网页提供各种如访问时间、IP地址、国家地区等按不同时间周期与地点区域所统计的数据信息；另外就是一些可以在网页中使用的各种统计技术，常见的有留言板、论坛、调查表、计数器等，所获得的用户反馈信息与数据能够对网页管理者与设计师评估和完善网页提供最直接的意见和帮助。

附表：网页标准色彩表——本表由W3C提供，色彩名称等同色值使用，并为主流浏览器所识别。

Color Name	Hex RGB	Decimal	Color
Lavenderblush	#FFF0F5	255,240,245	
Lightpink	#FFB6C1	255,182,193	
Pink	#FFC0CB	255,192,203	
Hotpink	#FF69B4	255,105,180	
Palevioletred	#DB7093	219,112,147	
Deeppink	#FF1493	255,20,147	
Mediumvioletred	#C71585	199,21,133	
Crimson	#DC143C	220,20,60	
Lavender	#E6E6FA	230,230,250	
Thistle	#D8BFD8	216,191,216	
Plum	#DDA0DD	221,160,221	
Violet	#EE82EE	238,130,238	
Orchid	#DA70D6	218,112,214	
Magenta	#FF00FF	255,0,255	
Fuchsia	#FF00FF	255,0,255	
Mediumorchid	#BA55D3	186,85,211	
Mediumpurple	#9370DB	147,112,219	
Blueviolet	#8A2BE2	138,43,226	
Darkviolet	#9400D3	148,0,211	
Darkorchid	#9932CC	153,50,204	
Darkmagenta	#8B008B	139,0,139	
Purple	#800080	128,0,128	
Indigo	#4B0082	75,0,130	
Aliceblue	#F0F8FF	240,248,255	
Azure	#F0FFFF	240,255,255	
Lightblue	#ADD8E6	173,216,230	
Powderblue	#B0E0E6	176,224,230	
Lightskyblue	#87CEFA	135,206,250	
Skyblue	#87CEEB	135,206,235	
Deepskyblue	#00BFFF	0,191,255	
Cornflowerblue	#6495ED	100,149,237	
Dodgerblue	#1E90FF	30,144,255	
Royalblue	#4169E1	65,105,225	
Lightsteelblue	#B0C4DE	176,196,222	
Cadetblue	#5F9EA0	95,158,160	

Color Name	Hex RGB	Decimal	Color
Steelblue	#4682B4	70,130,180	
Lightslategray	#778899	119,136,153	
Slategray	#708090	112,128,144	
Mediumslateblue	#7B68EE	123,104,238	
Slateblue	#6A5ACD	106,90,205	
Darkslateblue	#483D8B	72,61,139	
Blue	#0000FF	0,0,255	
Mediumblue	#0000CD	0,0,205	
Midnightblue	#191970	25,25,112	
Darkblue	#00008B	0,0,139	
Navy	#000080	0,0,128	
Lightcyan	#E0FFFF	224,255,255	
Cyan	#00FFFF	0,255,255	
Darkslategray	#2F4F4F	47,79,79	
Darkcyan	#008B8B	0,139,139	
Teal	#008080	0,128,128	
Paleturquoise	#AFEEEE	175,238,238	
Aqua	#00FFFF	0,255,255	
Aquamarine	#7FFFD4	127,255,212	
Mediumaquamarine	#66CDAA	102,205,170	
Turquoise	#40E0D0	64,224,208	
Mediumturquoise	#48D1CC	72,209,204	
Darkturquoise	#00CED1	0,206,209	
Lightgreen	#90EE90	144,238,144	
Palegreen	#98FB98	152,251,152	
Mediumspringgreen	#00FA9A	0,250,154	
Springgreen	#00FF7F	0,255,127	
Lightseagreen	#20B2AA	32,178,170	
Seagreen	#2E8B57	46,139,87	
Mediumseagreen	#3CB371	60,179,113	
Darkseagreen	#8FBC8F	143,188,143	
Forestgreen	#228B22	34,139,34	
Green	#008000	0,128,0	
Darkgreen	#006400	0,100,0	
Lime	#00FF00	0,255,0	

Color Name	Hex RGB	Decimal	Color
Limegreen	#32CD32	50,205,50	
Lawngreen	#7CFC00	124,252,0	
Chartreuse	#7FFF00	127,255,0	
Greenyellow	#ADFF2F	173,255,47	
Yellowgreen	#9ACD32	154,205,50	
Lightyellow	#FFFFE0	255,255,224	
Cornsilk	#FFF8DC	255,248,220	
Beige	#F5F5DC	245,245,220	
Lightgoldenrodyellow	#FAFAD2	250,250,210	
Oldlace	#FDF5E6	253,245,230	
Linen	#FAF0E6	250,240,230	
Lemonchiffon	#FFFACD	255,250,205	
Papayawhip	#FFEFD5	255,239,213	
Blanchedalmond	#FFEBCD	255,235,205	
Bisque	#FFE4C4	255,228,196	
Wheat	#F5DEB3	245,222,179	
Moccasin	#FFE4B5	255,228,181	
Navajowhite	#FFDEAD	255,222,173	
Palegoldenrod	#EEE8AA	238,232,170	
Khaki	#F0E68C	240,230,140	
Darkkhaki	#BDB76B	189,183,107	
Yellow	#FFFF00	255,255,0	
Gold	#FFD700	255,215,0	
Goldenrod	#DAA520	218,165,32	
Darkgoldenrod	#B8860B	184,134,11	
Olive	#808000	128,128,0	
Olivedrab	#6B8E23	107,142,35	
Darkolivegreen	#556B2F	85,107,47	
Orange	#FFA500	255,165,0	
Tan	#D2B48C	210,180,140	
Burlywood	#DEB887	222,184,135	
Sandybrown	#F4A460	244,164,96	
Chocolate	#D2691E	210,105,30	
Peru	#CD853F	205,133,63	
Saddlebrown	#8B4513	139,69,19	

Color Name	Hex RGB	Decimal	Color
Sienna	#A0522D	160,82,45	
Mistyrose	#FFE4E1	255,228,225	
Peachpuff	#FFDAB9	255,218,185	
Lightsalmon	#FFA07A	255,160,122	
Coral	#FF7F50	255,127,80	
Darkorange	#FF8C00	255,140,0	
Lightcoral	#F08080	240,128,128	
Rosybrown	#BC8F8F	188,143,143	
Indianred	#CD5C5C	205,92,92	
Salmon	#FA8072	250,128,114	
Darksalmon	#E9967A	233,150,122	
Tomato	#FF6347	255,99,71	
Orangered	#FF4500	255,69,0	
Red	#FF0000	255,0,0	
Brown	#A52A2A	165,42,42	
Firebrick	#B22222	178,34,34	
Darkred	#8B0000	139,0,0	
Maroon	#800000	128,0,0	
White	#FFFFFF	255,255,255	
Snow	#FFFAFA	255,250,250	
Floralwhite	#FFFAF0	255,250,240	
Ivory	#FFFFF0	255,255,240	
Seashell	#FFF5EE	255,245,238	
Mintcream	#F5FFFA	245,255,250	
Ghostwhite	#F8F8FF	248,248,255	
Honeydew	#F0FFF0	240,255,240	
Whitesmoke	#F5F5F5	245,245,245	
Antiquewhite	#FAEBD7	250,235,215	
Gainsboro	#DCDCDC	220,220,220	
Lightgrey	#D3D3D3	211,211,211	
Silver	#C0C0C0	192,192,192	
Darkgray	#A9A9A9	169,169,169	
Gray	#808080	128,128,128	
Dimgray	#696969	105,105,105	
Black	#000000	0,0,0	

第四章
潮流玩转、经典涅槃

126

星月交辉、火花绽放，今天的网页世界正在不断上演着一幕幕精妙绝伦的好戏。是谁创建了这片诱人的领地，让网页成为真正意义上的设计平台？又是谁开启了这扇众妙之门，让我们能够真正领略这网页世界的多元精彩……

从网页以质朴羞涩的面貌悄然诞生以来，虽经历了发展的周期转折、曲折蜿蜒，却始终以无法阻挡的拓展态势昂首阔步、勇往直前。一直到今天，各式各样不计其数的网页风格形式此起彼伏、升腾跌宕，交相辉映在整个网络新世界。有的风格形式因为时光的洗礼、文化的积淀涅槃重生，焕发出历久弥新的艺术光芒，成为新时代网页设计的典范；有一些风格则因为时代的发展与需求的影响，带着一丝稚嫩、一些羞涩匆匆而来，在网页设计的大浪潮中慢慢成熟；还有一些网页风格形式则是为了取悦小众人群的喜好悄然兴起、独树一帜；更有的网页风格的出现是为了表现特定的主题需求；有的则是设计师个人情感的宣泄与流露……各式网页风格灿然升起、悄然落幕，新旧交替、永不停止。

把握时代发展的脉络，追溯历史与文化的渊源，展望未来的发展趋势，是准确把握新时代网页设计的要求与标准的核心。因此，以欣赏的态度看待前人的网页作品，充满激情地寻找现代网页设计的源泉与灵感，为现在与未来，设计出更好的网页作品。

第一节 新时代、新需求与新网页

时代的进步、需求的转变是网页发展变化的核心，今天的网页正向着一个类型多元、功能完善与艺术审美的方向发展。结合网页的特点与设计艺术的原理，探讨在新时代与新需求的前提下，设计符合时代发展与满足社会、市场、用户三位一体需求的新网页，应该满足以下三个方面的原则与标准：

一、风格与气质——形神兼备

网页因为不同的风格与气质被用户记忆与认知。风格是网页整体上呈现出的具有典型性与代表性的独特形式面貌；而气质则是网页主题与风格面貌完美结合而产生的由内而外的精神彰显。网页风格的成熟与多元化发展标志着网页设计摆脱了模式化的束缚，真正成长为反映时代、用户群体与设计师个人的思想观念、精神气质与审美理想等内在特性的设计艺术形式。

形神兼备，是对网页的风格与气质提出的要求与标准。在网页设计中，形神兼备的风格与气质源于对网页主题的准确把握，源于对理念定位的精准传达，源于对设计形式的熟练运用，没有刻意，没有造作，是潜心探索与研究后全部过程的完美展现，也是网页设计成果与智慧的真实呈现。（图4-1至图4-4）

图4-1 www.yogy.be——形神兼备的风格与气质

图4-2 www.dunkindonuts.co.kr——形神兼备的风格与气质

图4-3 丰田花冠——形神兼备的风格与气质

图4-4 help.children.org.tw——形神兼备的风格与气质

二、内容与形式——浑然一体

内容是网页信息传达的核心，是网页多种信息元素的总和，制约着网页形式的设计与表现。形式是装载内容的结构框架，由各种设计语言组合而成，是网页信息内容与用户沟通的桥梁。网页的形式表现随着网页风格的发展日渐多元化，更多优秀的表现手法层出不穷，拓展了网页信息内容的展示渠道。

浑然一体是对网页内容与形式唇齿相依、水乳交融的经典概括，是通过一系列设计过程最终形成的二者和谐统一的结果。在网页设计中，首先必须对网页主题与信息内容有一个全面而细致的了解，然后对信息内容进行层层分析、分类列表，形成完整有序的内容信息系统；其次，在网页风格的指导下，有条不紊地利用形式的语言与手段为内容服务，塑造主题突出、信息明了、形式独特、个性彰显的网页新境界。（图4-5至图4-7）

图4-5 www.rays-lab.com——浑然一体的内容与形式

图4-6 kierunekorzezwienie.pl——浑然一体的内容与形式　　图4-7 www.getsooshi.com——浑然一体的内容与形式

三、互动与体验——多元完美

互动与体验是网页赋予用户的主要功能与操控感受，是用户感受网页魅力的唯一途径。互动是体验的基础，是用户因为对网页的某种需求以及具备共同或相似的价值理念而产生的二者之间使彼此发生作用或变化的过程。体验则是互动给用户留下的操控感受，感受的好坏取决于互动的过程与结果。

在网页中，与用户之间的互动应该是形式多元、过程高效、结果满意，三个方面缺一不可。然而，多元的互动形式并非是面面俱到、事无巨细，而是以需求为中心，化繁为简，结合网页的主题与功能设计满足用户需求的多元互动形式，为用户创造尽可能完美的网页体验。（图4-8至图4-11）

图4-8　www.tirepro.co.kr——多元完美的互动与体验

图4-9　www.evanshalshaw.com——多元完美的互动与体验

图4-10　www.wandoujia.com——多元完美的互动与体验

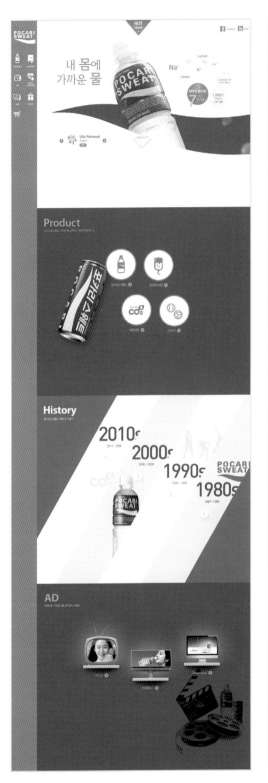

图4-11 www.donga-otsuka.co.kr——多元完美的互动与体验

第二节 触摸网页新境界

当简约成为永恒，传统焕发出时代的新姿；当怀旧变得刻骨铭心，抽象成为新的审美追求；当手绘的温情脉脉渗入网络与电脑的冰冷疏离，材质的温馨悄然打动心扉；当设计回归纯粹，理念彰显环保；当淡泊成为一种心境，谦和成为一种品性；当秩序成为一种规范，追求随性的脚步却从未停止；当追求真实与自然成为一种趋势，对未来的幻想也将愈演愈烈；当奢华的光芒不断扩大，儿时的情节却在肆意蔓延；当不着瑕疵的唯美仿佛遥不可及的时候，混搭却带着平实的亲切成为一种随处可见的潮流……

全情投入、惬意感受，是静心品茗的关键。今天的网页新境界呈现出一派精彩纷呈、多元交融的新景象，不仅是视野中的应接不暇、酣畅淋漓，还是多元感官与触觉操控的完美体验。接下来，就让我们一起进入这神奇的网页新世界，沦陷在这五光十色、变幻莫测之中。

一、简约时尚

简约一词，最早是形容生活的节俭。随着时代的进步，"简约"被赋予了更多的含义，除了用于表达经过提炼而成的言辞简洁的文体风格外，在网页设计领域，"简约"通常被用于形容精约简要、单纯明快、词少意多的网页设计风格。进一步而言，简约是时尚，是永恒，是适用于当代大部分网页需求与表现的风格设计形式，是网页设计发展的一种主流趋势。

首先，简洁精致的外观形式、明确有序的版面层次、和谐雅致的色彩表现是对简约时尚的网页风格形式特点的描述，这其中呈现出的含蓄内敛的性格特征与气质基调使各种不同类别的信息要素与设计元素得到了更好的兼容与突出；其次，简约时尚风格因其没有过多的

装饰内容，易于与不同的品牌和产品形象结合形成多样化的网页表现形式；再次，简约时尚的网页形式适应面广泛，能迎合广大用户群体的审美品位与需求，具有大众化、多元化等特点，是目前最主流的网页风格形式；最后，需要强调的一点是，简约时尚风格的表现绝不是对对象的简单摹写，也不是肤浅的观念内涵传达，而是围绕着网页的主题诉求与简约的风格形式，运用相关设计手法经过提炼与创新的网页形式设计。（图4-12至图4-18）

图4-12 www.twofold.com——简约时尚

图4-13 icorinc.com——简约时尚

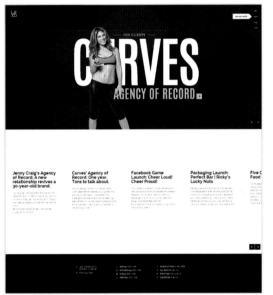

图4-14 lrxd.com——简约时尚

图4-15 www.chocri.de——简约时尚

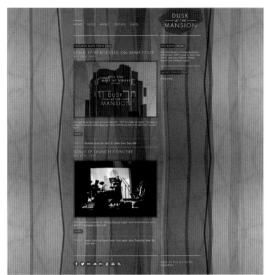

图4-16 duskatthemansion.com——简约时尚

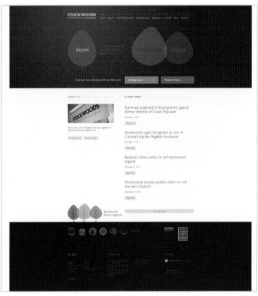

图4-17 www.stockwoods.ca——简约时尚

图4-18 www.skinami.co.kr——简约时尚

二、写实多维

写实，本意是指如实地描绘事物的特征，后演变为一种艺术风格，现已成为网页设计的一种重要的风格表现形式。在网页设计中，写实风格是设计的语言形式，主要有图像语言与立体语言两种形式，图像语言主要是指将具有视觉美感与表现主题个性特征的图片进行创意设计，使其成为网页界面最主要的诉求元素与表达力量。在图像语言张扬而强大的操控力之下，页面的其他元素应该简洁而单纯，衬托图像语言，共同营造真实、自然的界面效果。一般而言，图像语言作为网页主要的诉求点通常会使用两种形式，第一是利用图片作为网页的背景；第二是图片占据页面的最佳视域并拥有较大的面积比例，形成页面的视觉中心。

立体语言在网页设计中的运用早已屡见不鲜，它通过利用人的视错觉将元素从二维平面提升到三维立体的视觉效果，拓宽了视觉艺术设计的表现空间。首先，立体语言在网页中得到广泛的应用是源于网页显示平台与技术的迅猛发展，使得三维立体及更多的显示需求成为可能；其次，立体语言的运用使网页的空间层次更加丰富，用户的视野变得更加开阔，网页的总体视觉效果更加真实生动。因此，在网页设计中，重叠、投影、透视、渐变、光影等设计元素的巧妙运用是三维立体语言表达的重要方式与手段，在网页界面中进行大面积运用或局部点缀表现都将营造出出色的网页效果。（图4-19至图4-25）

图4-20 www.seafoodrevolution.com——写实多维

图4-21 www.heinz.com——写实多维

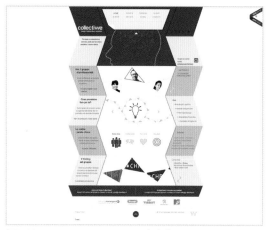

图4-22 www.collectiwe.it——写实多维

图4-19 www.fijiwater.com——写实多维

图4-24 milkshirts.com——写实多维

图4-23 www.boputoy.com——写实多维

图4-25 altspace.com——写实多维

三、动漫情节

动漫是一种艺术形式，也是一种设计风格，还是很多人心目中难以磨灭的心理情结。作为一种网页设计风格，动漫风格原本是针对动漫卡通类型的网页而产生的，但由于其可爱唯美、萌趣丛生的角色造型与个性表现，精致多样的场景设计以及丰富的表现手法使其成为当今不少网页类型选择的风格形式之一。

由于动漫表现形式多样，也直接影响了其风格形式的多样化。从动漫的发展历史来看，最早是源于动漫艺术家的手绘形式，因此，手绘是动漫风格表现的最早形式，其追求的是一种自由而随意、轻松且自然的风格特征和性格

情绪，最能唤起动漫爱好者们心中那份恒久的眷恋之情。此后，随着计算机图形学的发展，动漫借助计算机与软件的力量衍生出更多的风格形式。因此，除了手绘的风格形式，动漫风格还分为平面、三维与模型等主要形式。平面风格单纯开阔的特性，容易形成或浪漫唯美，或雅致清新，或童趣盎然的多元表现形式，为广大用户所喜爱。三维风格则是拓展了界面的视觉层次空间，强化了对象的存在感。而模型风格的真实与触手可及拉近了用户与网页之间的距离，增强了网页的感染力，使网页显得亲切而温馨。（图4-26至图4-33）

图4-26　www.hellosoursally.com——动漫情节（手绘）

图4-27　www.claremackie.co.uk——动漫情节（手绘）

图4-31　pororo.jr.naver.com——动漫情节（三维立体）

图4-28　www.leonvanrentergem.be——动漫情节（材质模型）

图4-32　mundodositio.globo.com——动漫情节（平面）

图4-29　www.webbliworld.com——动漫情节（平面）

图4-30　www.spook.spicsolutions.com——动漫情节（材质模型）

图4-33　leconcoursdupetitprince.com——动漫情节（三维立体）

四、传统印象

中国传统艺术正在复兴，正在设计艺术的推动力之下以新兴的独特姿态呈现给世界。古老的中国建筑艺术、形神皆具的国画艺术、蕴含丰富象征意义的吉祥动物与花卉、多姿多彩的民俗艺术形式、富含哲理的几何装饰纹样、形式与构造独特的中国文字、巧妙而意境深厚的艺术构图等都是中华民族几千年传统文化艺术予以现代设计的宝贵资源，这都为网页设计的形式与风格发展拓宽了新的渠道。同时，网页也成了传统与现代完美结合的设计平台与传播中华文化与艺术的窗口。

传统印象在今天的网页设计中被表现得多姿多彩，国画水墨的淡然清雅给网页增添了几分含蓄内敛的艺术气质，民俗艺术的古老质朴为网页传递出浓郁纯粹的东方意趣，中国书法独特的方块构造所特有形式美感与符号特性成了网页传统风格构建与形式设计的重要元素……这一切都印证了在网络信息时代，传统艺术与现代设计之间可以形成琴瑟和鸣、相得益彰的发展态势。（图4-34至图4-38）

图4-34　www.12shengxiao.cc——传统印象

图44-35　www.chuochengvilla.com——传统印象

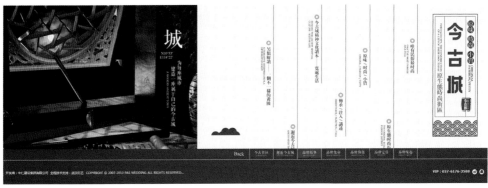

图4-36　www.chinazoren.com——传统印象

图4-37　www.kabusan.or.jp——传统印象

图4-38　www.nakamise.org——传统印象

五、怀旧余温

怀旧是小众群体的专属，怀旧是小范围的真情流露；怀旧不是炙热喧嚣，而是一种徐徐余温，回忆的抚慰、思念的缅怀，对于怀旧情绪的表达成了当代都市人群的一种时尚。相比其他风格而言，怀旧风格的网页在外观形式上更为明显直观，需要运用一些特定的形式手法进行设计创意。因此，在网页设计中，不管是出于什么原因构建怀旧风格，须有以下几个关键要素相辅相成、相互配合，共同营造特别的网页怀旧风格。

怀旧简单来说就是缅怀过去，旧物、故人、家乡以及逝去的岁月通常是怀旧的对象。

首先，具有典型意义的物件、符号等象征物，如过去时代的建筑物、曾经流行的服饰、儿时的玩具、书信时代的邮票、泛黄的老照片等，经过设计提炼，都是构建怀旧风格重要的设计元素。其次，利用色彩对人的心理作用，饱和度较低、偏黄褐色等表现陈旧的暗色基调是最容易营造怀旧氛围的色彩体系。再次，对于网页字体的选用，应该偏向于选择一些具有怀旧感的衬线体来衬托此类风格形式的表现。最后，一些特殊的肌理与材质也是怀旧风格网页不可或缺的组成部分。（图4-39至图4-44）

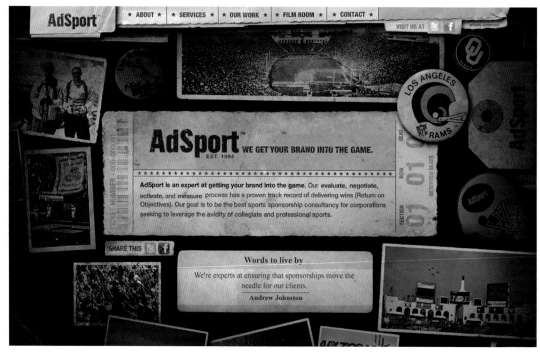

图4-39　www.adsport.com——怀旧余温

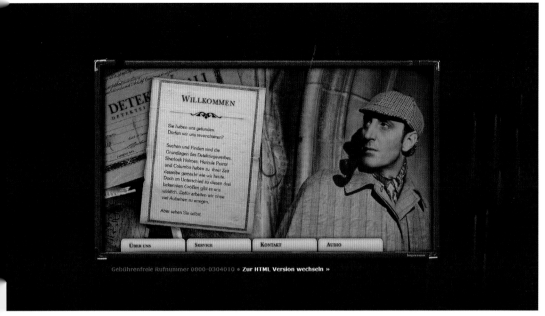

图4-40　www.detektiv-nali.de——怀旧余温

图4-41　www.vermontcoffeeworks.com——怀旧余温

图4-42　www.hatd-nj.com——怀旧余温

图4-43　www.blackangus.com——怀旧余温

图4-44　confectionery.themarketo.com——怀旧余温

六、抽象力量

不可否认，抽象的力量越来越强大，虽然很多人仍表示无法理解。表面看来，图像元素的缺席，仅使用单纯的抽象符号或类似点线面的极简元素，这样的网页似乎很难与那些复杂多样、光彩夺目的网页媲美。但正是这单纯和极简，与那朴素到极致的静美，避免了在页面层次上可能出现的混乱，让网页显得干净、明快且富有效率。同时，抽象元素的简单直接使得网页的信息内容更加突出明了，这可以使用户注意力快速地集中到网页的信息内容上，极大地增加了信息内容传递的有效性，抽象的力量至此得到了极致的彰显。

从设计的角度来说，相比信息内容多样、装饰元素运用可观的网页来说，抽象风格网页的设计更是显得困难重重。这是因为形式直白、层次简单的抽象元素让设计师无法不关注到网页界面的每一个角落，对每一个细节都煞费苦心、精心雕琢，看似简单的抽象元素在设计师手里演变成一页页简洁却耐人寻味的界面形式，成为现代网页设计中独树一帜的风格表现形式。（图4-45至图4-51）

图4-45 www.multiply.com.au——抽象力量

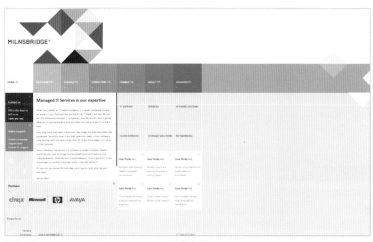

图4-46 www.milnsbridge.com.au——抽象力量

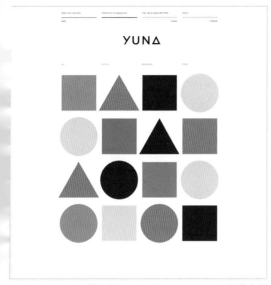

图4-47　www.iamyuna.com——抽象力量

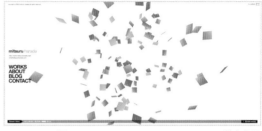

图4-50　www.mitsuruharada.com——抽象力量

图4-48　www.akanai.com——抽象力量

图4-49　www.circle-ent.com——抽象力量

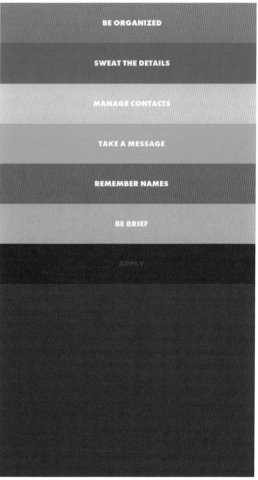

图4-51　work4rich.com——抽象力量

七、手绘温情

在这个计算机图形学发展得如火如荼的时代，手绘的表现形式曾经变得岌岌可危，人们以为计算机图形绘制的能力可以彻底取代手绘的表现。随着时代的发展和多元化设计形式与风格发展的需求，手绘表现开始在设计领域悄然复兴。现在，手绘不仅仅是一种设计元素与表现手段，更是新时代网页发展的新风格与新形式。

艺术表现的明确倾向性是手绘风格的重要特征，这也决定了手绘风格的应用并不会十分广泛，通常会用于一些表达特定理念与彰显艺术气质的网页设计之中。材质的厚薄柔韧、笔触的轻重缓急，营造或随意的，或轻松的，或涂鸦的网页风格形式，实现手绘艺术与计算机图形表现的完美结合，为网络与计算机的冰冷疏离注入一丝脉脉温情，彰显网页的人性关怀。（图4-52至图4-58）

图4-52　www.xixinobanho.org.br——手绘温情

图4-56 www.thekennedys.nl——手绘温情

图4-53 www.2latelier.com——手绘温情

图4-57 www.xdoor.cc——手绘温情

图4-54 ichance.ru——手绘温情

图4-58 www.jacquico.com——手绘温情

图4-55 aualeu.ro——手绘温情

八、环保本色

环保，本意是指环境保护，是指人类为解决当前已经存在或可能存在的环境问题，协调人类与自然环境的关系，保障经济社会的可持续发展而采取的各种行动的总称。今天，环保的含义愈加广泛，甚至已经影响了当代设计的发展。在网页设计中，环保不仅是一种风格的形式表述，更是一种设计的精神理念和发展趋势。清新简洁的形式氛围，自然纯粹的视觉元素，避免网页成为信息泛滥与视觉污染的网络源头，给用户营造舒适、愉悦、亲切的视觉感受与互动体验是环保风格网页的主要特点。

因此，清新而充满生命力的绿色、白色以及彰显自然的色彩基调，充满环保气息的各类自然风景、植被、花草、动物等图片元素的设计再创造，没有多余的陈词滥调，干净清新的网页氛围与气质拉近了用户与网页的距离，自然的气息扑面而来，用户似乎嗅到了青青花草的味道……（图4-59至图4-64）

图4-59　tnc.org.cn大自然保护协会——环保本色

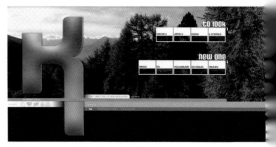

图4-60　www.kalou.ch——环保本色

图4-61　www.archiland-urban.com——环保本色

图4-62　specialforce.pmang.com——环保本色

图4-63　www.purangy.com.br——环保本色

图4-64　www.digitalplayground.de——环保本色

九、字体纯粹

字体作为设计元素的使用早已屡见不鲜。充满个性的网页形式表现与追求简洁的网页境界营造，是以字体为设计元素的网页风格的永恒追求。

数码时代，字体的形式与风格向着多元化的方向发展，适合更多风格形式的网页作品表现，激发了设计师们对于使用纯粹字体进行创意设计的热情。使用字体，需满足以下四个要点：第一，必须要传达出字体的视觉形式美感。第二，要能够完整地表述网页的信息内容。因此，在该类型网页的设计中，字号较大的字体形式更加具有设计再创造的可行性，容易成为页面的焦点；而字号相对较小的文字则需要仔细考虑其编排的形式美感，不同风格样式的字体匹配不同的编排形式，方可传达出纯粹简洁的网页风格境界。第三，由于页面的单纯性特点，须注意页面字体之间的层次关系，为用户提供明确有序的网页信息浏览秩序。第四，统一与服从，是字体的设计编排与网页主题的关系原则。（图4-65至图4-71）

图4-65　www.meta-maniera.com——字体纯粹

图4-66　pleatspleaseshop.com——字体纯粹

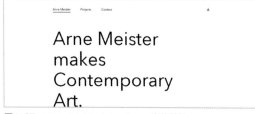

图4-67　www.arnemeister.de——字体纯粹

图4-68　www.designembraced.com——字体纯粹

图4-69　www.prismtracks.com——字体纯粹

图4-70　www.the-bea.st——字体纯粹

图4-71　www.26de.com——字体纯粹

图4-72　dollardreadful.com——复古韵味

十、复古韵味

欧洲古典主义风格是一种延续时间较长、类型多样的风格形式，其追求华丽与典雅的视觉效果，对现代设计产生了极其重要的影响。古典主义风格主要包括有罗马风格、哥特风格、文艺复兴风格、巴洛克风格、洛可可风格与新古典主义风格六大类型。首先，柔美精致的曲线纹样、复杂多变的肌理材质、华丽雍容的色彩基调、形意别具的文字使用、浑厚深重的文化底蕴是古典主义风格的典型特征。其次，无论是整体打造还是局部镌刻，古典主义风格都坚持一贯的精雕细琢与一丝不苟。

追寻过巴洛克风格的雍容典雅与洛可可风格的矫揉繁复，再探求新古典主义风格摒弃过于复杂的装饰与纹理，使用更经典简约的图案造型来彰显古典主义风格精髓的特点，用现代设计的力量让古典主义风格形式所带来的复古韵味在网页中得到淋漓尽致的彰显，展现复古与潮流完美融合的网页设计新风尚。（图4-72至图4-77）

图4-73　www.thedesignfilesopenhouse.com——复古韵味

图4-74　www.immortals.it——复古韵味

图4-75　www.alvarinhodomsalvador.com——复古韵味

图4-76　www.bsg.cn——复古韵味

图4-77　missmarysmix.com——复古韵味

十一、网格秩序

网格是视觉艺术设计实践中建立秩序最有效的方式，也是秩序最为直观的体现。从传统平面媒体到网页新媒体，网格的作用均历历在目。在网页设计中，精确而灵活的网格具有多种优势，因此得到了极为广泛的应用。首先，网格使信息的编排具有明确的秩序性，信息的传递具备完整的连贯性。其次，网格具有协调网页版面的作用，增强网页中各设计元素之间的和谐性与稳定性。再次，网格还具有信息提示的作用，创造性地使用网格将使网页呈现出意想不到的独特视觉效果。

综上所述，网格在网页中的作用首先是基于页面组织与编排的功能需求，其次是对页面主题表达与形式美的追求。然而由于网格的规律、秩序的特性所在，用网格编排的网页界面呈现出绝对的秩序感，这种绝对秩序感的存在暗示着大千世界中隐含的逻辑与秩序，而理解与揭示这些逻辑秩序则是人类永恒的追求。（图4-78至图4-83）

图4-78　www.mcdonalds.co.uk——网格秩序

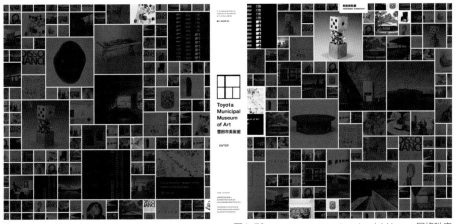

图4-79　www.museum.toyota.aichi.jp——网格秩序

图4-80 www.brit.co——网格秩序

图4-82 runbetter.newtonrunning.com——网格秩序

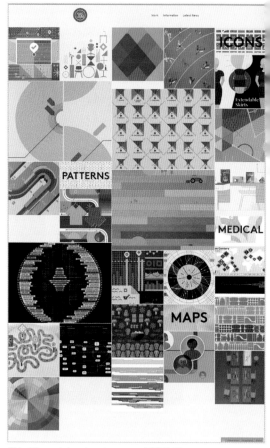

图4-83 scriptandseal.com——网格秩序

图4-81 perspectivewoodworks.com——网格秩序

十二、金属质感

金属是一种具有光泽感、材质感与重量感的物质。金属风格在网页设计中的运用是源于"金属"一词在音乐中的使用，称之为"金属乐"。金属乐包含了以黑金属、死亡金属、激流金属、厄运金属、华丽金属、重金属、工业金属等为代表的音乐类型，表达不同的诉求主题与演唱方式。例如：黑金属音乐充满了诡异、恐怖的音乐氛围；死亡金属以死亡仇恨为主题，音乐中充满了肢解、虐待等变态情绪；华丽金属则以"浓妆艳抹的外形"来吸引乐迷，是主流金属音乐的分支；还有重金属音乐的速度与爆发力、工业金属钟爱冰冷感与科技感的乐感表达，等等。

结合不同的网页主题，运用不同的金属材质与色彩基调，在网页中营造或冰冷，或恐怖，或粗狂，或速度，或前卫，或陈旧，或光彩夺目的艺术风格。同时，金属的重量感能增加网页在视觉上的分量感，强化设计元素之间的对比关系，使页面的层次关系显得更加明确清晰。（图4-84至图4-89）

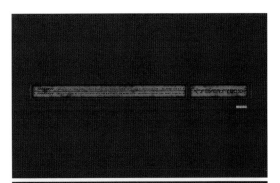

图4-84　www.sevenstudio.com——金属质感

图4-85　birdman.ne.jp——金属质感

图4-86　www.pointeremkt.com——金属质感

图4-87　sm.qq.com——金属质感

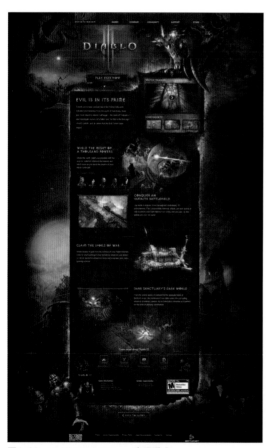

图4-88　us.blizzard.com——金属质感

图4-89　de-de.sennheiser.com——金属质感

十三、奢华光芒

奢华，释义"奢侈浮华"，原用于形容有钱人的生活。在西方社会一直被认为是上流社会人士普遍的生活方式与积极的人生态度。奢华还通常与时尚息息相关，自欧洲开始有时尚，奢华低调便一直代表着贵族们的外在与内心，因为这是美好事物的最高标准。另外，从今天的生活价值观来看，"奢华"一词还是品位与格调的象征。

因此，网页中奢华风格的设计表达并不是要极尽一切绚烂之事来苛求外表的繁华浮夸，而是更加注重网页气质与氛围的营造、细节与品质的雕琢，力求塑造一种高贵而凝练的网页气质与氛围，让奢华的网页光芒直抵用户的内心。简言之，奢华风格的网页应当具备完美的外观形式与独特的气质个性等特点，能够彰显并传递品牌与产品的文化内涵。因此，除了网页内容，奢华风格让网页本身也成为一件精致的艺术品，在浏览的过程中传递品味、分享价值。（图4-90至图4-96）

图4-90　www.cartier.us——奢华光芒

图4-91　www.tiffany.com——奢华光芒

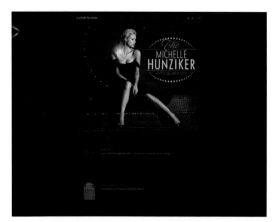

图4-92　www.michellehunziker.it——奢华光芒

图4-93　www.askthemagicmirror.com——奢华光芒

图4-94　www.domperignon.com——奢华光芒

图4-95　www.ldjtf.com——奢华光芒

图4-96　www.rogerdubuis.com——奢华光芒

十四、极简淡泊

极简主义源于20世纪60年代兴起的一个艺术派系。极简主义不仅是一种设计风格，还是一种关于哲学思想、价值观与生活方式的表达。不同于简约时尚风格简洁精致的表现诉求，极简风格以极致的简单与直白为追求，形成在视觉上极为简单，气质上更为安静的网页表达形式，体现出一种无欲无求的淡泊心境。

极简风格的设计与抽象风格有某些相同之处，即都需要重视对细节的处理，在细微之处彰显设计的匠心独具。同时，极简风格的网页需要有充裕的界面空间，以极致的空白空间突出网页的主体内容，形成简单直白、淡泊雅致的网页印象。同时，极简主义的网页风格也是今天追寻实用设计的网页诉求的经典表现形式，因为极简风格将网页从复杂的表现形式中释放出来，回归到设计的本真。（图4-97至图4-103）

图4-99　www.jtcdesign.com——极简淡泊

图4-97　www.septime.net——极简淡泊

图4-100　alexandercollin.com——极简淡泊

图4-98　celebratedesign.org——极简淡泊

图4-101　www.chiso.co.jp——极简淡泊

图4-102　nizoapp.com——极简淡泊

Hi, my name is Yaron Schoen and
I'm a human interface designer.

图4-103　yaronschoen.com——极简淡泊

十五、软玉清新

　　今天的网页设计，希望以舒适的视觉感受与体验增加网页和用户之间的亲密与友好。因此，一些特别的设计元素开始在网页中使用，力求以一种温馨、柔软的小清新风格来营造一种美好舒适的网页环境，让用户在与计算机、网络的交互中不会觉得疏离遥远。

　　就这样，布艺、花卉等物件开始作为设计元素悄悄地进入了网页设计之中，配合淡雅柔美的色彩基调，使网页界面充满了柔软亲切、勃勃生机；同时，布艺的细腻温馨、花卉的娇艳柔美能够给网页带来和谐的视觉平衡，给网页营造一个舒适而清新的意境氛围。当然，由于布艺、花卉等材质的表现特性需求，在网页设计中的使用需要精确谨慎的制作技术，以确保这些物件的肌理与材质在网页中得到完美展现。（图4-104至图4-110）

图4-104　heartofhaute.com——软玉清新

图4-105　www.hiersun-ido.com——软玉清新

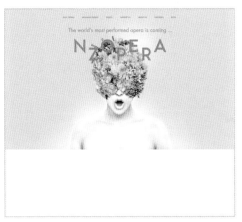

图4-106 nzopera.com——软玉清新   图4-107 www.perrier-jouet.com——软玉清新

图4-108 herbalbises.jp——软玉清新

图4-109 attributeproducts.co.uk——软玉清新

图4-110 www.oililyworld.com——软玉清新

十六、中性谦和

在网络世界的满目绚烂、五光十色之中，中性风格的网页仿若经纶满腹却内敛谦逊的翩翩君子悄然而至，没有喧嚣热闹，有的只是页面中隐然若现的一抹谦和与淡然……

中性风格的网页界面设计，摒弃光华夺目、多样丰富的色彩表现，结合不同的设计主题，以无任何色彩倾向的黑色、白色以及不同层次的灰色的搭配作为网页界面的色彩基调，形成一种中性包容的网页氛围；同时，兼顾主题表现与风格营造的完整性需求，页面中的设计对象与表现元素也会采取低调含蓄的形式表现，尽量降低不同风格特征的设计对象所带来突兀与不和谐，以形成包容统一、舒适谦和的网页视觉感受。另外，相比色彩丰富的网页，中性风格网页视觉形式的淡然内敛则更容易给观者留下联想与思考的空间，更加有利于网页主题与内涵的传达。（图4-111至图4-117）

图4-111 www.gonzelvis.com——中性谦和

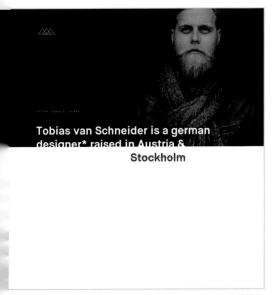

图4-112 www.vanschneider.com——中性谦和

图4-113 www.dogscanfly.com——中性谦和

图4-114 www.shunkawakami.jp——中性谦和

图4-115 dieze-sixzero.com——中性谦和

图4-116 www.routalempi.fi——中性谦和　　　　图4-117 www.granit-gin.de——中性谦和

十七、童趣盎然

纯净得没有一丝杂质，开朗得没有一丝阴霾，快乐得没有一丝做作，这就是童趣的魅力，是现代快节奏、强压力生活之下人们梦寐以求的一方净土。因此，童趣的创造与表现被大量的网页类型所使用，为网页作品增添更多的活泼、轻松与趣味。

大胆的想象，是网页设计中童趣创造与表达的原动力；超越逻辑与规律的视觉艺术表现，加之出人意表的调侃与幽默，是塑造童趣盎然的网页风格形式的不二手法。从视觉表现上看，童趣风格的网页作品在形式与气质方面都呈现出多样化的态势，也许是可爱温馨，又或是个性耍酷，还可以是幽默滑稽，更可能是俏皮逗乐，让用户在浏览网页的同时莞尔一笑，压力与重负在瞬间悄然尽释。（图4-118至图4-124）

图4-118　www.zoocoffee.com——童趣盎然

图4-119　www.douban.com——童趣盎然

图4-120　funandkids.co.kr——童趣盎然

图4-121　www.allo-lugh.com——童趣盎然

图4-122　analoguebaby.com——童趣盎然

图4-123　www.loadedsmoothies.co.za——童趣盎然

图4-124 www.minimalsworld.com——童趣盎然

十八、唯美浪漫

"唯美"一词，最早是出现在19世纪后期英国在艺术与文学领域盛行的唯美主义运动之中，其目的是追求一种脱离现实的绝对美与超越生活的纯粹美，这种绝对与纯粹的唯美摒弃庸俗、憎恶市侩，充满了浪漫主义色彩，发展到今天则成为现代网页设计所追求的重要风格表现形式之一。

精心设计的对象视角、干净纯粹的色彩基调、浪漫超脱的页面气质都是唯美风格的网页作品需要具备的重要特点。利用视觉艺术的创造力与设计技巧的表现力，消除现实的不完美，营造一种在视觉上绝对纯粹的网页界面的形式与色彩美，满足在不完美的世界中人们对绝对完美的追求。另外，除了视觉上的形式美外，唯美风格的网页还是感性的、愉悦的，传递着由内而外、触动人心的唯美氛围与浪漫气息。（图4-125至图4-130）

图4-125　www.etudehouse.co.kr——唯美浪漫

图4-126　www.flowerofsalt.co.kr——唯美浪漫

图4-127　www.dior.com——唯美浪漫

图4-129　bbcream.mamonde.com.cn——唯美浪漫

图4-128　www.hera.co.kr——唯美浪漫

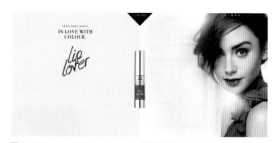

图4-130　www.liplover.ca——唯美浪漫

十九、神秘莫测

　　神秘，原本是用于形容事物或现象的难以捉摸与高深莫测。在网页设计中，神秘是用于表述一些特定的网页主题与风格形式所呈现的气质与氛围。因此，神秘风格的网页拥有诡谲多变的形式、变幻莫测的氛围，能给用户留下耳目一新的网页印象。

　　深邃低沉的色彩基调是营造网页神秘风格的基础，在此基础上，结合不同的网页主题，神秘的形式氛围将会表现得更加多元丰富。神秘与未知、神秘与高贵、神秘与诡异、神秘与探索、神秘与恐惧、神秘与忧伤、神秘与欲望……神秘页面氛围的营造为不同形式的网页增加了别样的个性与深幽的意境。另外，除了视觉表现外，声音元素的加入对于神秘风格网页的塑造也有着非常重要的作用，对于用户来说，视听的双重冲击使得网页的神秘效果更加绘声绘色、引人入胜。（图4-131至图4-137）

图4-131　www.elastine.co.kr——神秘莫测

图4-132　durexearthhour.com——神秘莫测

图4-133　www.deployanddestroy.com.au——神秘莫测

图4-135　www.mooncampapp.com——神秘莫测

图4-134　jackthegiantslayer.warnerbros.com——神秘莫测

图4-136　www.5emegauche.com——神秘莫测

图4-137　www.cavegeisse.com.br——神秘莫测

二十、混搭多元

混搭，是多元时代的一种潮流。混搭风格
是指在网页设计中将不同类别、不同风格、不
同形式、不同色彩的元素进行设计组合，形成
全新的具有独特个性特征的网页新风格。从另
一个角度来说，网页设计本身就是技术与艺术
混搭的产物，混搭意味着碰撞，意味着创新，
意味着出奇制胜。所以，混搭风格的网页不仅
形式多元、表现各异，还是穿越时空的交错与
无所不容的共存……

混搭，绝不是内容与元素的随意拼贴与
混乱组合。看似的随意与漫不经心，实则是经
过精心策划与组织构建的设计与表现。具体来
说，混搭是利用不同设计对象的属性进行创造
性的组合，在对比中突出对象的个性特征，营
造多元活泼的网页视觉印象。此外，除了对比
外，还需要适量的调和才能够缓和不同属性的
设计元素所带来的不和谐的视觉感受。因此，
通过对对比与调和的巧妙运用，方能形成表现
多元、个性独特的混搭网页风格形式。（图
4-138至图4-144）

图4-138　www.sushiwhore.com——混搭多元

图4-139　sgr.jp——混搭多元

图4-140　www.obela.com.au——混搭多元

图4-143　www.defqon1.nl——混搭多元

图4-141　www.pacorabanne.com——混搭多元

图4-142　www.fruitshootusa.com——混搭多元

图4-144　andculture.com——混搭多元

二十一、小众琳琅

除了上述的网页风格之外，还有一些网页设计也许难以将其准确归纳出风格类型，它们不拘泥于任何特定的形式，不刻意迎合大众的审美品位，而是追求多元个性的风格意趣与形式表现，目的在于去表现独一无二、绝无仅有的网页风格形象，同时反映某些特定的或是小众的意识理念。

虽然，这些风格形式暂时难以在网页设计领域中占领一席之地，却能在发展中给网页设计输入更多新鲜的血液，是网页的风格形式在设计创新中不可或缺的稀有能量。（图4-145至图4-151）

自网页成为设计平台以来，对网页风格与形式表现的尝试和探索就从未停止过。在尝试中创新，在探索中转变，新的网页风格形式在不断的出现中发展与成熟；旧的网页风格形式或是消弭，或是在时代的洗礼中焕发新貌，成为设计经典，如此反复。因此，以上对于网页风格形式的归纳阐述仅是管中窥豹，可见一斑，只愿作为一场开启网页盛宴的巡回礼，以自己的一得之见，投砾引珠，期待更多的网页新风格形式的出现，让网络的虚拟世界变得更加精彩多元。

图4-146 nygirlofmydreams.com——小众琳琅

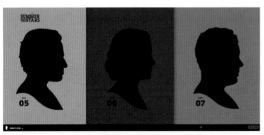

图4-145 summer.tcm.com——小众琳琅

图4-147 www.outbackjacks.com.au——小众琳琅

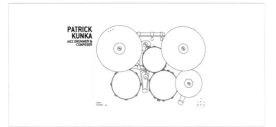

图4-148　www.patrickkunka.com——小众琳琅

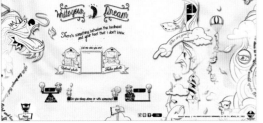

图4-149　www.dreamsdoodler.com——小众琳琅

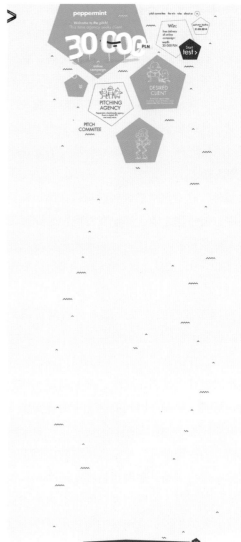

图4-151　wybieramyklienta.pl——小众琳琅

图4-150　www.5karmanov.ru——小众琳琅

后 记

接到本书的写作邀请之时，适逢笔者撰写的另外一本《网页设计》教材出版不足两年，心里充满了兴奋与忐忑。自2007年从事网页设计教学伊始，多年的教学与研究成果能够再次成书与读者分享，着实是一件值得欢欣鼓舞的事情；但是，如何对前一本教材有所突破，则成为心中最为忐忑与忧心之事。于是，为了获得重新思考的空间，笔者合理安排了工作与生活事宜，围绕着突破与创新，完全打破原有教材的模式框架，从发展与变化的全新视角来重新诠释网页设计的理论与技术原理，以前瞻而包容的写作态度对网页设计的设计标准和技术发展做了展望与预测，希望本书能够为今天的网页设计教学注入一些前进与发展的新动力。

感谢我的导师与主编杨仁敏教授给予我的大力支持与帮助，是他的鼓励与循循善诱坚定了我写作的信心；感谢王立峰老师对本书所需的案例资料的收集与整理，没有他不遗余力的支持，本书不可能向读者呈现如此多样的案例；感谢上海交通大学研究生张宇臣对本书一部分关于网页技术理论的观点表述所提供的帮助。本书所引用的案例主要来自互联网，在此对这些无法署名的网页设计师们表示衷心的感谢，因为你们的努力成就了本书的面世，更让今天的网页世界变得精彩纷呈。

本书虽然倾注了笔者所有的热情全力编写，但限于现有条件与作者水平的局限，错误与疏漏难免存在，一些观点也不够成熟，因此希望能得到读者的批评指正，促使我在这个领域更加努力。

本书列举了大量国内外优秀的网页设计案例供读者学习和欣赏，但部分网站由于网站维护等原因，短时期内无法访问，烦请广大读者谅解。

参考文献

1. [美]Robert Hoekman, Jr. 瞬间之美：Web界面设计如何让用户心动[M]. 向怡宁译. 北京：人民邮电出版社，2009
2. [美]Christina Wodtke, Austin Govella. 锦绣蓝图：怎样规划令人流连忘返的网站[M]. 蔡芳，荆涛等译. 北京：人民邮电出版社，2009
3. [美]Steve Krug. DON'T MAKE ME THINK[M]. De Dream'译. 北京：机械工业出版社，2011
4. [美]Lance Loveday, [美]Sandra Niehaus. 赢在设计：网页设计如何大幅提升网站收益[M]. 刘淼，柳靖，王卓昊译. 北京：人民邮电出版社，2010
5. [美]Khoi Vinh. 秩序之美：网页中的网格设计[M]. 侯景艳译. 北京：人民邮电出版社，2011

图书在版编目（CIP）数据

网页设计 / 张毅编著. -- 重庆：西南师范大学出版社，2015.8
（设计新动力丛书）
ISBN 978-7-5621-7501-8

Ⅰ．①网… Ⅱ．①张… Ⅲ．①网页制作工具 Ⅳ.
①TP393.092

中国版本图书馆CIP数据核字(2015)第151971号

设计新动力丛书

主编：杨仁敏

网页设计
WANGYE SHEJI

张毅 编著

责任编辑：鲁妍妍
封面设计：汪　泓
版式设计：张　毅 鲁妍妍
排　　版：重庆大雅数码印刷有限公司·文明清
出版发行：西南师范大学出版社
地　　址：重庆市北碚区天生路2号
邮　　编：400715
本社网址：http://www.xscbs.com
网上书店：http://www.xnsfdxcbs.tmall.com
电　　话：(023)68860895
传　　真：(023)68208984
经　　销：新华书店
印　　刷：重庆康豪彩印有限公司
开　　本：720mm×1030mm 1/16
印　　张：11
字　　数：214千字
版　　次：2015年9月 第1版
印　　次：2015年9月 第1次印刷
ISBN 978-7-5621-7501-8
定　　价：49.00元

西南师范大学出版社正端美术工作室，出版教材及学术著作等。
正端美术工作室电话：（023）68254657（办）
13709418041　QQ：1175621129